Klaus J. Kalberlah

Kosmologische Gedankenspiele

Klaus J. Kalberlah

Kosmologische Gedankenspiele

Impulse zu Raumquanten, Gravitation und Urknall

Bibliografische Information der Deutschen Nationalbibliothek:
Die Deutsche Nationalbibliothek verzeichnet diese Publikation in der
Deutschen Nationalbibliografie; detaillierte bibliografische Daten sind im
Internet über http://dnb.dnb.de abrufbar.

© 2021 Fritz Kalberlah

Satz: de·te·pe, Ulrich Schmid, Aalen
Umschlagkonzeption und -gestaltung:
Textagentur Melanie Geppert/Chris Langohr Design
Covermotiv: © Giovanni Benintende (Shutterstock.com)
Herausgeber: Dr. Fritz Kalberlah, 79104 Freiburg

Herstellung und Verlag: BoD – Books on Demand, Norderstedt

ISBN 978-3-755-71364-7

Inhalt

Vorwort des Herausgebers 9

Prolog 13

Einführung 15

Teil I: Ein unbefriedigendes Ende 19

Die noch immer geheimnisvolle Schwerkraft 20

Schwerkraft, klassisch 20
Schwerkraft nach Newton 21
Der Michelson-Morley-Versuch begräbt den
Lichtäther 23
Das gravitative Feld 24
Schwerkraft nach Einstein – eine erste Sicht 27
Schwerkraft nach Einstein – der neue Äther 29
Die Konsequenz? 30

Der Urknall und sein angeblicher Zeuge 33

Prinzipien der Standardtheorie 35
Urmaterie mit unendlicher Dichte 36
Woher kommt die Energie? 37
Interpretation der Mikrowellenhintergrundstrahlung
(CMB) 39
Alter des Weltalls 41
Inflation 41
Entstehung der Galaxien im Zeitablauf 43
Prinzipien der „steady-state"-Theorie 45

Ein Knall im dreidimensionalen Raum? 45

Dimensionalität der Expansion des Universums 50

Die Konsequenz? 51

Botenteilchen mit Tarnkappe 53

Die starke Kernkraft als eine der Elementarkräfte 53

Quantengravitation 56

Die Konsequenz? 59

Teil II: Umdenken erforderlich! 61

„Natur" und „Beschreibung der Natur"
sind etwas anderes 62

Ob ich mich mit einer Theorie der „Wirklichkeit"
annähere, weiß ich nicht 64

Mathematik ist ein guter Helfer, der aber
verschiedenen Herren dient 65

Noch fehlende Falsifizierbarkeit darf nicht
von der Theoriebildung abschrecken 67

Begrenztes menschliches Vorstellungsvermögen 71

Manche Dinge sind im Rahmen der
Naturwissenschaften nicht beantwortbar 73

Teil III: Schlüsselprinzipien
eines integrierten Modells 77

Der mehrdimensionale Raum 77

Geometrie des Weltalls: Das Omniversum
als Hyperkugel 78

Luftballonmodell mit Geldmünzen 80

Modifizierte Stringtheorie 82

Wie sieht ein String aus? 84

Vorteile der modifizierten String-Theorie 90

Emergenz und Reduktionismus 93

Teil IV: Ein integrierendes Modell ... 97

Der neue (String-)Äther ... 98

Schwingungscharakteristik von Materie, Strahlung
und Vakuum ... 99
Raum und Äther, begrifflich ... 102
Die vierte Dimension (Schwingen in w-Richtung) ... 104
Gravitation ohne Quantengravitation
im String-Äther ... 105
Entstehung von Sternen aus einer Gaswolke ... 106
Stichwort Gravitationswellen ... 109
Felder als Zustand des String-Äthers ... 111
Materie und Elementarkräfte als Zustand
des String-Äthers ... 113
Exkurs: Stringtheorie und Ladung – eine Spekulation ... 116
Zusammenfassende Einordnung ... 121

Ein modifizierter Urknall ... 123

Geometrie des Kosmos im integrierenden Modell ... 125
Prinzipien eines Wachstumsmodells ... 127
Anfangsbedingungen in den „ersten drei Minuten"
im vierdimensionalen Raum ... 130
Das Rätsel der Energie ... 133
Kreisprozesse ... 135
Ein nicht-leeres Vakuum kann auch ein
String-Äther-Vakuum sein ... 137
Äquivalenz von Energie und Masse im 4-D-
Omniversum ... 139
Eine andere Erklärung für die kosmische
Hintergrundstrahlung (CMB) ... 142
Die Folgen des neuen Ansatzes ... 143

Teil V: Der wiedergefundene Faden ... 147

Vorwort des Herausgebers

Im Januar 2020 erhielt ich von Klaus Joachim Kalberlah, dem Autor dieses Buches, einen Anruf mit der Bitte um einen mehrtägigen Besuch. Als ich in seiner Wohnung in Nuthe-Urstromtal eintraf, gab er mir einen USB-Stick mit über 100 Textdateien, zeigte mir mehrere Aktenordner mit handschriftlichen Notizen und verwies mich auf ein Bücherregal mit Fachliteratur mit der Bitte: „Ich wünsche mir von Dir, dass Du versuchst, mein Buchmanuskript zur Kosmologie nach meinem Tod zu veröffentlichen." Ich sagte zu. Am 2. Februar 2020 verstarb mein Bruder.

Zuvor blieb ich für eine Woche täglicher Seminare am Krankenbett im Brandenburgischen. Mit erstaunlicher Klarheit und Lebendigkeit, mit Offenheit für meine Fragen und vor allem mit einer großen Begeisterung für die Thematik erläuterte mir Klaus Kalberlah seine zentralen Ideen bis in die letzten Januartage.

Mir wurde klar, dass ich mir trotz aller Erläuterungen die Fachkompetenz für diese äußerst komplexe Thematik nicht in dem Maße aneignen konnte, um selbst die Argumentation zu führen, zu erweitern oder die Erkenntnisse des Autors mit kritischem Abstand zu interpretieren. Aber das schien mir schließlich auch nicht erforderlich; ich sollte das Buch herausgeben – das Material war da und das Material war gut! Die Herausgabe würde Lektoratsarbeit bedeuten, Umstellungen, Kürzungen, und im Zweifel dort Prioritäten in der Textauswahl zu setzen, wo ich nun lernen konnte, dass es dem Autor ein besonders wichtiges Thema war. Wenn ich als Wissenschaftler eines gelernt hatte, war es das, solche Texten systematisch und ohne meine subjektive Sicht der Dinge zur Publikationsreife zu bringen.

Die Herausgeberarbeit führte mich zu erstaunlichen Erkenntnissen: Obwohl ich mich zuvor kaum mit der Thematik der Kosmologie, des Urknalls oder der Elementarteilchen in der Physik beschäftigt hatte, wurde das Thema für mich äußerst spannend und reizvoll. Vielleicht auch deshalb, weil Klaus Kalberlah durch seine wissenschaftstheoretische Herangehensweise eine zusätzliche Ebene in diese Arbeit zur Kosmologie in seinen Texten lebendig werden ließ: „Verwechsle nicht Beschreibung einer physikalischen Theorie mit physikalischer Realität!" und „Unterscheide Denkgewohnheit von Denknotwendigkeit!". Diese kritische Kreativität hat es ihm ermöglicht, wirklich neue Ideen zu entwickeln und manche aus der Physiker- und Kosmologenzunft oft blind übernommene Regel überzeugend in Frage zu stellen. Das hat mich angesteckt!

Allerdings musste ich auch lernen, dass eine Woche intensiver Kosmologiekurs mir natürlich noch nicht zeigen konnten, wo im Text dann doch Fragen auftraten, die es mir unmöglich machen würden, aus dem Material einen vollends schlüssigen Text zu formen, der der Aussage des Autors entsprochen hätte. Es gab Lücken und Verkürzungen in den Manuskripten, die für mich nicht angemessen interpretierbar waren. Ich habe mich deshalb entschlossen, einige Teile in dieser Publikation auszulassen und an einzelnen Stellen eher eine fragmentarische Schrift zu liefern, als mit ähnlicher Tinte mich als Kunstfälscher zu betätigen. Doch dieser Fragmentcharakter ist bisweilen festzustellen.

So mussten zum Beispiel wesentliche Teile zur Quantenphysik (etwa zu den Elementarkräften außer der Gravitation, zu elektromagnetischer Strahlung und zur Photonenenergie) in der Publikation ausgeklammert bleiben. Aber auch bei klassischen kosmologischen Themen wie dem Myonen-Phänomen, Weißen Löchern, zyklischem Universum reichten die Textbausteine mir nicht aus, um ohne Rücksprache mit dem Autor einen publikationsreifen Text herauszufiltern.

In den mir vorliegenden Originalausarbeitungen hat Klaus Kalberlah bisweilen nur skizzenhaft argumentiert und die genaue Erläuterung offen gelassen. Dieser Ansatz entsprang seinem Wunsch, erstmal neue Ideen, auch Spekulationen, in den Raum werfen zu wollen, um Denkanregungen zu geben.

Ich habe mich als Herausgeber deshalb entschlossen, einen in frühen Manuskriptversionen vorgesehenen Titel für diese Publikation auszuwählen, der eine gewisse Leichtigkeit in ein komplexes Thema mitbringt: „Kosmologische Gedankenspiele". Klaus Kalberlah entwickelte seine Ideen, indem er die festgezurrten Regeln der klassischen Kosmologie als nichtverbindliche Vorgaben betrachtete und so mit der Freiheit wissenschaftlicher Kreativität sich die Thematik eröffnete.

Das Buch ist weitgehend in „Ich-Form" geschrieben, in der Regel, weil Klaus Kalberlah auch bereits diese subjektive Perspektive kenntlich machen wollte. An einigen Stellen war es unvermeidbar, dass Passagen, Einleitungen oder Überleitungen vom Herausgeber, dann aber die Ich-Form beibehaltend, eingebaut wurden. Sofern das über die redaktionelle Einzelformulierung deutlich hinausgeht, wurden diese Stellen mit Fußnoten als Herausgebereinfügung kenntlich gemacht.

Freiburg, im Februar 2021 Fritz Kalberlah

Prolog

*In dem sonnengebräunten, altersverwitterten Gesicht des india-
nischen Medizinmannes zuckt nicht eine Muskel; es scheint vielmehr, als läge ein weises und zugleich etwas spöttisches Lächeln in
seinen Zügen. „Sieh genau hin", sagt er und deutet auf den Himmel der sternklaren Nacht, „die Lichtpunkte, die Du da siehst, das
sind Löcher in einem Fell. Das Licht kommt von den Feuern, die
dahinter brennen. Um diese Feuer sitzen unsere Ahnen, Männer
und Frauen, die ihr Leben auf dieser Erde beendet haben und nun
durch gute Gedanken mit uns verbunden sind. Das ist es, was uns
die Lichtpunkte sagen".*

*Eine Weile lang ist Schweigen. „Und das, worauf wir beide
stehen" fährt er fort und macht eine weite Bewegung mit dem
Arm, die Handfläche nach unten gekehrt, als streichele er die
Weite der Prärie, die sich bis zum Horizont dehnt, „die Erde …
was sollte dies anderes sein als der braune, runde, unermesslich
große Rücken einer Schildkröte? Ihr geduldiger Körper ist der Ur-
grund, aus dem alles Lebende seine Kraft zieht. Die Pflanzen, die
Tiere, wir Menschen … wir alle sind nur Gäste, die für eine Weile
von ihrem Rücken getragen werden, die für ein paar Jahre an ihrem gesegneten Dasein teilhaben dürfen … dies und nichts anderes ist die Erde, wir spüren es, wenn unser Gefühl klar und wach
ist."*

*Ich blicke in die Augen des alten Indianers; es gibt darin keine
Naivität, kein bisschen Rechthaben-Wollen, nur klares, unpersön-
liches Wissen. Ich fühle mich getröstet, wie ein störrisches Kind,
und doch sagen meine Gedanken „… aber die Sterne sind glü-
hende Gasmassen und die Erde IST eine Kugel, keine Schildkröte*

… unsere Satelliten haben die Bilder vom blauen Planeten zurück zur Erde gefunkt."

Als könne er meine Gedanken lesen, kommt seine Antwort: „Keiner kann wissen, was etwas wirklich ist. ‚Eine Rose ist eine Rose ist eine Rose', so sagen es wohl Eure Dichter. Alles andere sind nur Beschreibungen. Eine Beschreibung ist niemals wahr oder unwahr, sie ist nur mehr oder weniger zweckmäßig. Und den Zweck – den Zweck gibst du selbst vor.

Meine Beschreibung der Sterne und der Erde tröstet die Lebenden … Eure Beschreibung ist gut für Raketen und Raumfahrt … ein anderer Zweck, keine größere Wahrheit.

Beschreibung statt Wahrheit – das ist immer so, wo Menschen reden. Egal, ob über Physik oder über Gott."

Einführung

Der Prolog dieses Buchs könnte uns an eine spirituelle Beschäftigung mit dem Kosmos erinnern – doch da müsste ich Sie gleich enttäuschen: Ich werde mich in dieser Schrift streng an naturwissenschaftliche Überlegungen halten, um in diesem Rahmen nach stimmigen Antworten auf die alten Fragen zu suchen:

> Wie bleiben die Planeten auf ihren Bahnen um die Sonne? Wie kommt es zur Expansion unseres Weltalls? Welche Physik gilt im Kleinen (also auf quantenphysikalischer Ebene) ebenso wie im Großen (also auf kosmologischer Ebene)?, um drei der zentralen Themen zu erwähnen.

Wenn ich mich auf die naturwissenschaftliche Sicht des Themes beschränke, so bedeutet das keinesfalls, dass ich Wissenschaftlichkeit für das einzig geeignete und ausreichende Instrumentarium halte, sich den genannten grundsätzlichen Fragen zu nähern. Insofern kann der Prolog vielleicht auch daran erinnern!

Da jedoch im zwangsläufig beschränkten Rahmen der Naturwissenschaften die Antworten auf die meisten dieser Fragen mit den gängigen Standardtheorien recht unbefriedigend ausfallen (siehe Teil I des folgenden Textes), erhält der Prolog seine weitergehende Bedeutung: Wir müssen zunächst einmal erkennen, dass auch im Rahmen der Naturwissenschaften viele unserer Modellierungen und Schlussfolgerungen auf Denkgewohnheiten beruhen, die keineswegs *die Wahrheit* zu den großen Fragen ergeben. Stattdessen handelt es sich immer um Beschreibungen und Erklärungsversuche, die möglicherweise durch neue Ansätze abgelöst werden können. Menschliche Bemühungen können grundsätzlich nur darauf abzielen, eine möglichst nützliche, in sich stimmige und konsistente Theorie zu entwickeln, die jedoch niemals im Sinne einer absoluten Wahrheit beweisbar wäre. Ich äußere mich nicht zur vermeintlichen *Realität*, sondern ich beschreibe nur. Denn: „… eine Rose ist eine Rose ist eine Rose"[1].

Diese Gedanken des Prologs werden in Teil II des Buches aufgenommen. Es geht dann um einige erkenntnistheoretische Prinzipien und die Anforderungen an ein abgewandeltes (Wissenschafts-) Theoriengebäude zu unseren Fragen an Kosmologie und Quantenphysik, um das erforderliche Umdenken, um an neue Ufer zu kommen.

Und dieser neue Denkansatz mit seinen neuen Elementen eines Theoriengebäudes ist dann auf der übergreifenden Ebene inhaltlich zu charakterisieren. Dies erfolgt in Teil III des Buchs. Wobei ich vorsichtig sein möchte: Nicht immer ergibt sich das Neue durch gänzliches Verwerfen des Gewohnten. Oft reicht es aus, ganz knapp neben dem ausgetretenen Weg ins Abseits einen schmalen Trampelpfad zu erkennen, den auch schon einige Andere eingeschlagen haben, diesen auszubauen oder zu begradigen, um an das erstrebte Ziel zu kommen! Eben das wird zu den interessanten Erkenntnissen dieser Schrift zählen.

Auf dieser Basis dann kann ich in Teil IV das abgewandelte Gebäude als integrierendes Modell in ersten Ausschnitten zumindest skizzenhaft vorstellen. Ich nutze dazu vor allem drei Schlüsselprinzipien für einen integrierenden Gesamtansatz: Die Stringtheorie, das Verständnis unseres Kosmos als vierdimensionalen Raum und das Emergenzprinzip. Bei dem stringtheore-

---

1   Dem Medizinmann in den Mund gelegt; nach einem Gedicht von Gertrude Stein (1922): https://schoengeistinnen.de/auf-den-spuren-einer-amerikanerin-in-paris-rose-is-a-rose-is-a-rose

tischen Ansatz musste ich jedoch zunächst relevante Änderungen und Präzisierungen vornehmen, denn die gängige Stringtheorie hat sich mit einigen Annahmen nach meiner Ansicht gründlich verrannt.

Da könnte es hingehen und es scheint mir stimmig, diese Gedankenspiele zu vertiefen. Ich jedenfalls finde die Überlegungen so spannend, dass ich sie mit Ihnen teilen möchte. Vielleicht bieten die Ideen Impuls und Startpunkt für weitere Differenzierungen und Ergänzungen; das würde mich freuen.

Teil I:
Ein unbefriedigendes Ende

Kosmologische Theorien empfinde ich dann als unbefriedigend, wenn diese Theorie allzu früh in der Abfolge der Erklärungsschritte keine physikalische Erläuterung mehr geben kann, wenn also auf die Frage nach dem WIE und WARUM keine Antwort mehr parat ist. Die Wissenschaft wählt den Begriff *Axiom* für solche innerhalb dieses Systems nicht begründbaren oder nicht deduktiv ableitbaren Aussagen. Frühe nebeneinander stehende Axiome ohne Weg zu deren Integration deuten entweder auf einen möglichen Fehler der Theorie oder aber darauf, dass die Folgeschritte nicht angemessen weiterverfolgt wurden.

Diese Aussage darf nicht zu einem Missverständnis führen: Keine Theorie kann alle Fragen bis ganz „ans Ende" befriedigend physikalisch erklären. Keine Theorie kommt ohne Axiome aus. Aber manche Theorien kommen vorzeitig an einen axiomatischen Stop, wo andere uns noch weiter führen.

In diesem ersten Teil möchte ich einige zentrale Beispiele aus dem herrschenden kosmologischen Theoriengebäude vorstellen, wo die Erklärungen zu früh auf ein unbefriedigendes Ende stoßen, bei denen dieses Ende eine Sackgasse darstellt oder wo ein kleiner, erhellender Blick ins verbleibende Dunkel neben dem Mainstream-Ansatz es ermöglichen würde, ein weiterführendes und integratives Theoriengebäude zu errichten.

Wir nehmen uns stellvertretend für die vielen Themen vor:

- die unzureichend erklärte Physik der Gravitation,
- eine unstimmige Vorstellung vom Urknall, und
- eine fragliche Theorie der Elementarkräfte der Quantenphysik.

Die noch immer geheimnisvolle Schwerkraft

Für kosmologische Theorien ist ein physikalisches Verständnis des Phänomens der Gravitation unabdingbar. Die Umkreisung der Sonne durch Planeten basiert auf Gravitation. Auch Licht wird gravitativ abgelenkt.

Ich möchte mir die gängigen Antworten betrachten: Was ist das heutige Verständnis einer gravitativen *Fernwirkung* (Anziehung zweier Massen), wie dies Isaak Newton bezeichnete und in Frage stellte? Liegt eine Raumkrümmung durch Gravitation vor, wie sie Albert Einstein in seiner Allgemeinen Relativitätstheorie vertritt? Ist hierfür ein Medium erforderlich, das den Weltraum erfüllt, und wie ist dieses gegebenenfalls in der gängigen Theorie physikalisch definiert?

Schwerkraft, klassisch

Als die Erde noch eine Scheibe war, machten die damaligen Physiker-Philosophen (z.B. Aristoteles ca. 350 v. Chr.) sich andere Gedanken über den Ursprung der Schwerkraft: Gegenstände fielen zu Boden, *weil allen materiellen Körpern die Bestimmung zu eigen ist, nach unten zu fallen.* So, wie ein Baum „bestimmungsgemäß" im Herbst seine Blätter verliert oder – wenn der Baum eine Tanne ist – „bestimmungsgemäß" die grünen Nadeln auch im Winter behält. Die Frage, woher ein fallender Körper weiß, wo „unten" ist und wo die Energie herkommt, die seine Bewegung ermöglicht, wurde nicht gestellt. Oder aber: Es wurde darauf verwiesen, dass eine Antwort einfach im Vorborgenen liege (*okkult* sei). In der Antike und bis zum späten Mittelalter erklärte man die Gravitation im Abendland noch nicht als Anziehung zwischen materiellen Gegenständen. „Unten" war in Richtung auf die Füße des Beobachters, und natürlich war die Erde eine Scheibe, sonst wäre, wer immer sich auf die andere Seite gewagt hätte, noch weiter nach unten gefallen.

Dass mit dieser einfachen Erklärung etwas nicht stimmen konnte, merkten die Menschen, als man begann, die Erde als Kugel zu sehen. Spätestens, als erste Weltumsegler zurückkehrten (1522) und nicht von der anderen Seite der Kugel ins Nichts gefallen waren. Die Erde hat also eine „Anziehungskraft" – das wurde offensichtlich.

Schwerkraft nach Newton

Es benötigte trotz Galileo (Fallgesetze, ca. 1610) und Keppler (Planetenbahnen, ca. 1630) weitere 100 Jahre nach der Weltumseglung, bis man erkannte, dass die Kraft, die einen Apfel zur Erde fallen lässt und die Kraft, die den Mond an die Erde und die Erde an die Sonne bindet, dieselbe ist. Die Ehre für diese Entdeckung gebührt Newton (1667). Er erkannte, dass zwischen zwei Massen eine anziehende Kraft wirkt – Gravitation genannt. Die Stärke dieser Kraft, fand Newton, ist proportional dem Produkt der beiden Massen und umgekehrt proportional dem Quadrat des Abstands r der beiden Massen. Newton konnte also die Massenanziehung mit einer mathematischen Formel berechnen (im Prinzip; die Gravitationskonstante G wurde jedoch erst später genauer quantifiziert). Aber: Den Funktionsmechanismus kannte Newton nicht. Zur Frage: WIE und WARUM sich Massen anziehen, bekannte er vielmehr freimütig: „I have not as yet been able to deduce from phenomena the reason for these properties of gravity, and I do not feign hypotheses"[2].

---

2   Janiak, Andrew, »Newton's Philosophy«, The Stanford Encyclopedia of Philosophy (Winter 2019 Edition), Edward N. Zalta (ed.), URL = <https://plato.stanford.edu/archives/win2019/entries/newton-philosophy/>.; https://plato.stanford.edu/entries/newton-philosophy/; https://www.energy-gravity.com/DblFrcGermn.pdf ;

Das WIE der Gravitation steht in engem Zusammenhang mit dem Verständnis, wie zwei Körpern *über die Entfernung* (Fernwirkung) aufeinander einwirken: Kann über den luftleeren Raum eine Wirkung erfolgen, eine Kraft übertragen werden? Newton hielt das für absurd: „That gravity should be innate inherent and essential to matter so that one body may act upon another at a distance through a vacuum without the mediation of any thing else by and through which their action or force may be conveyed from one to another is to me so great an absurdity that I believe no man who has in philosophical matters any competent faculty of thinking can ever fall into it. Gravity must be caused by an agent acting constantly according to certain laws, but whether this agent be material or immaterial is a question I have left to the consideration of my readers."[3] Für die gravitative Fernwirkung benötigt Newton also einen „agent", vielleicht als *Medium* zu übersetzen oder einen Äther, den er jedoch nicht weiter definieren konnte: „I do not know what this Aether is"[4].

Newton ließ mit seiner Kommentierung ausdrücklich die Möglichkeit offen, dass ein solcher Äther *materiell* oder *immateriell* sein könne und lässt damit eine zentrale Frage anklingen, was „immaterielle Teilchen" in der Physik zu suchen haben könnten.

Das Phänomen der Gravitation wurde 150 Jahre später im Laborversuch anschaulich durch die Gravitationswaage von Cavendish (1798) bestätigt. Man konnte also bereits im 17. Jahrhundert Gravitation mathematisch gut beschreiben und stimmig berechnen, aber WARUM es Gravitation gibt und WIE diese Kraft über wenige Millimeter (Drehwaage) ebenso wie

---

3   BRIEF AN RICHARD BENTLEY VON 1692/1693 - IN: HERBERT WESTREN TURNBULL, THE CORRESPONDENCE OF ISAAC NEWTON 1961, VOL. III, S. 253–254; https://physik.cosmos-indirekt.de/Physik-Schule/Nahwirkung_und_Fernwirkung
4   https://arxiv.org/ftp/physics/papers/0011/0011003.pdf

über Millionen von Kilometern Entfernung hinweg (Kosmos) funktioniert, blieb ein Rätsel, blieb ein Geheimnis der Natur.

Der Michelson-Morley-Versuch begräbt den Lichtäther

Da ein Äther als Trägermedium für elektromagnetische Strahlung und die Ausübung der Gravitation gesucht wurde, wollten der deutsch-amerikanische Physiker Albert A. Michelson (1881) in Potsdam und der amerikanische Chemiker Edward W. Morley (1887) in Cleveland (Ohio) den Ätherwind im Labor nachweisen: Man nahm an, dass durch die Bewegung der Sonne und der Erde um die Sonne ein unterschiedlicher Ätherwind herrschen müsse, je nach Phase, wo sich die Erde gleichsinnig mit der Sonne bewegt oder wo sich die Erde gegenläufig zur Sonne bewegt. Diese Erwartung von einem Ätherwind basierte auf einer materiellen Vorstellung von einem ruhenden Lichtäther. Doch die Wissenschaftler konnten einen solchen Ätherwind in ihrem spannenden Experiment nicht feststellen (wie auch viele spätere Versuche dazu scheiterten). Michelson und Morley waren auch nach diesen Versuchen nie vollständig von der Nichtexistenz eines Äthers überzeugt, aber die experimentellen Daten erforderten ein Umdenken. Auch ein *mitgeführter* Äther, wie ihn der französische Physiker Augustin Jean Fresnel vorschlug[5], konnte nicht bestätigt werden. Es gab danach zunächst keinen Äther mehr. Das bedeutete jedoch, dass die Fernwirkung der Gravitation nach diesen Experimenten nicht durch die Vermittlung der Kräfte über ein Medium, den Äther, erklärt werden konnten. Das WIE und WARUM der Gravitation blieb ungelöst.

---

5 A. Fresnel: Lettre d'Augustin Fresnel à François Arago sur l'influence du mouvement terrestre dans quelques phénomènes d'optique. In: Annales de chimie et de physique. 9, 1818, S. 57–66

Das gravitative Feld

Für die Kraftübertragung über den Raum führte Faraday 1838 den Begriff des Feldes ein. Seiner Meinung nach wird von der felderzeugenden Anordnung *der Raum erregt* [kursiv; KK], so dass ein anderer Körper eine Kraft erfährt[6]. Diese raumerregende Kraft nahm Faraday auch für das Gravitationsfeld an. Die Diskussion um die Fernwirkung wurde durch das Bild des Feldes abgelöst, manchmal „den Raum erregend", manchmal einfach als Eigenschaft des Feldes befunden.

Tatsächlich kann man Felder differenziert charakterisieren und viele Eigenschaften messen: Z. B. den Impuls, den Druck, manchmal die Temperatur und andere physikalische Größen. Jedoch: Aus was denn nun ein „Gravitationsfeld" physikalisch besteht, konnte nicht recht erklärt werden. Es fehlte das Substrat für das Feld!

Aus der Quantenfeldtheorie stellte man sich vor, dass es möglicherweise ein *virtuelles* Botenteilchen, das *Graviton*, ähnlich dem Photon bei elektromagnetischen Wellen wäre, was da in dem gravitativen Feld seine Arbeit verrichte (vgl. Abschnitt „Botenteilchen mit Tarnkappe"), wodurch die Fernwirkung zur Nahwirkung (bei planetarer Gravitation über sehr große Distanzen) würde. Das Unbefriedigende an der Vorstellung von Botenteilchen ist nicht, dass es sich hierbei um *virtuelle Teilchen* handeln soll, sondern das mangelnde Verständnis zu dem postulierten gravitativen Teilchen-Austauschmechanismus beim Graviton und die fehlende Integration der Quantenfeldtheorie in ein zugleich kosmologisch und in der Quantenmechanik gültiges umfassenderes Verständnis.

---

6   https://books.google.de/books?id=9ZAOAAAAIAAJ&pg=PA401&lr=& as_brr=3&ei=qxCuS-K7JY3mygTNjp3PDQ&cd=2#v=onepage&q&f= false

Wenn aber auch noch das Botenteilchen wegfiele, dann wäre das heute vorliegende Modell der Gravitationswirkung über ein Feld unbefriedigend. Ich habe in einem Lehrbuch für die Schule eine wunderbare Beschreibung des Scheiterns bei dem Erklärungsversuch gefunden, die physikalische Natur eines *Feldes* zu beschreiben (siehe Kasten).

Das Belächeln der Stringtheorie

„Dieser kleine platonische Dialog soll die Eigenschaften eines Feldes verdeutlichen:

- Die wichtigste Eigenschaft eines Feldes ist daher, dass es zwischen Gegenständen wirkt und damit Impuls überträgt.

  Aha! Also ist ein Feld so etwas wie ein Seil, dass zwischen zwei Dingen gespannt ist und mit dem man ziehen kann!

- Ja, denn z. B. bei Magneten und bei der Erdanziehung kennt man die anziehende Wirkung, aber dennoch »Nein«, denn ein Feld kann auch durch Druckspannung zwei Gegenstände auseinanderdrücken. Bei zwei Magneten muss man dazu nur zwei verschiedene Pole nähern.

  Ach so! Dann ist ein Feld also so etwas wie eine Stange!

- Ja, aber im Unterschied zu einer Stange ist ein Feld in der Regel viel »weicher«.

  Dann ist ein Feld so etwas wie ein Schwamm zwischen den Dingen, denn bei vielen Feldern kann man drücken und ziehen.

- Schon viel besser. Den Schwamm kann man aber längs einer beliebigen Richtung drücken und auseinanderziehen. Das geht bei Feldern nicht. Die kann man nur in einer

---

Richtung auseinanderziehen und quer dazu zusammendrücken. Sie haben eine innere Struktur, sind sozusagen »gekämmt«.

Ein Holzklotz hat auch eine Maserung, so ähnlich?

- Ja, genau, oder ein Schwamm der sich längs einer Richtung zusammenzieht und quer dazu auseinanderdrückt. Allerdings ist ein Feld durchsichtig.

Also ein durchsichtiger Schwamm mit Holzmaserung!

- Ja, und es hat keine Masse! (Bis auf die enthaltene Energie natürlich.)

Ein durchsichtiger Schwamm ohne Masse?

- Ja, und außerdem wird ein Feld, dass man auseinanderzieht, in der Regel immer weicher und nicht fester, wie der Schwamm. Nur beim Zusammendrücken wird es immer fester.

Mmh, da ist es schwierig, einen Vergleich zu finden. Vielleicht so wie Knete, die beim Auseinanderziehen immer dünner wird.

- Ja, irgendwann hören die Vergleiche auf. Denn Felder kann man nicht direkt anfassen, nicht sehen und doch sind sie es, die alle Dinge miteinander verbinden.“[7]

Die Geschichte stellt eine schöne Beschreibung des Problems dar! Sie beendet aber auch leider zu frühzeitig die Frage nach einer physikalischen Einbettung des Gravitationsfelds mit einem Achselzucken: Ein unbefriedigendes Ende, wie ich finde.

---

7   http://schulphysikwiki.de/index.php/Fern_und_Nahwirkungstheorie_ oder_%22Was_ist_ein_Feld%3F%22

Schwerkraft nach Einstein – eine erste Sicht

Nachdem der junge Einstein noch versuchte, den Äther in sein Gedankengebäude zu integrieren[8], lieferte er 1915 mit seiner Allgemeinen Relativitätstheorie zum ersten Mal eine andere Erklärung der Massen-Anziehung. Danach gibt es keine Kraft (im Sinn der Mechanik), mit welcher eine Masse auf eine andere einwirkt (Materie wechselwirkt nicht mit Materie), vielmehr wirken Massen auf den Raum, indem sie ihn krümmen, also seine Geometrie verändern. Die Bahn bewegter Materie (oder von Licht) folgt dann der Raumkrümmung, d.h. die Geometrie des Raumes wirkt auf die Bewegung von Materie (und von Licht). Diese Aussage bedeutet letztlich, dass Massenanziehung zustande kommt, indem jedwede Masse den Raum krümmt, und bewegte Massen (auch Licht) folgen dann dieser Raumkrümmung. Diese Vorstellung führte Einstein dazu, dass er – abweichend etwa von den Vorstellungen von Newton und seinen eigenen früheren Überlegungen – keinen Äther mehr benötigte. Einstein machte den Raum leer: Was zuvor das Vakuum unsichtbar füllte, nämlich der Licht-Äther, wurde für unnötig und nicht existent erklärt.[9] Das entsprach somit auch den Befunden von Michelson-Morley.

Zahlreiche Fachleute der Kosmologie legen auch heute noch Einstein ein für allemal auf diese Aussagen zum (materiellen!) Licht-Äther fest und verallgemeinern: Wenn es keinen Licht-Äther gibt, dann gibt es für Einstein keinen (wie auch immer definierten) Äther. Wikipedia berichtet ebenso pauschal die heutige Standardsichtweise: „Weil die Existenz des Äthers schon seit

---

8   https://onlinelibrary.wiley.com/doi/epdf/10.1002/phbl.19710270901

9   Den Äther benötigte Einstein nicht mehr in der Begründung der Allgemeinen Relativitätstheorie (1915), er hatte ihn bereits 1905 für nichtig erklärt (A. Einstein: Zur Elektrodynamik bewegter Körper. In: Annalen der Physik. Band 17, 1905, S. 891–921)

Jahrzehnten als wissenschaftlicher Irrtum gilt, … wird er in den meisten modernen Lehrbüchern kaum oder überhaupt nicht erwähnt.“[10]

Ähnlich kommt die pauschalisierende und reduzierende Fehlinterpretation von Einstein im Wissenschaftsteil der Zeitung „WELT“ aus dem Jahr 2006 zum Ausdruck. Dort wird der Begriff „Äther“ gar als Unwort bezeichnet:

„Es gibt keinen Äther, auf den Licht oder elektromagnetische Strahlung bei der Ausbreitung angewiesen wäre. Es war kein Geringerer als Albert Einstein, der mit seiner Relativitätstheorie nachweisen konnte, dass es keinen Äther gibt. Mit raffinierten Versuchen hatten schon zuvor andere Forscher versucht, einen sogenannten Ätherwind nachzuweisen. Doch alle Bemühungen dieser Art scheiterten. Gleichwohl war der Begriff des Äthers über so viele Jahre in den Köpfen der Wissenschaftler und Techniker verankert, dass sich dieses *Unwort* [kursiv; KK] noch bis heute in der Umgangssprache wiederfindet.“[11]

Wenn heute über die Sichtweise von Einstein berichtet wird, dass er sich eine gravitative Raumkrümmung im ätherlosen oder leeren Raum vorgestellt habe, so greift das deutlich zu kurz: Wir müssen seine späteren Ausführungen (erst wesentlich *nach* der Begründung der Allgemeinen Relativitätstheorie!) dazu einbeziehen.

Der Physiker Johann Rafelski von der University of Arizona[12] erläutert in seinem Buch zur Speziellen Realtivitätstheorie sehr plastisch die Entwicklung der Meinung von Einstein

---

10 https://de.wikipedia.org/wiki/%C3%84ther_(Physik)#:~:text=Jahrhundert%20als%20Medium%20f%C3%BCr%20die,Tr%C3%A4ger%20aller%20physikalischen%20Vorg%C3%A4nge%20angesehen.

11 https://www.welt.de/wissenschaft/article150422/Der-Licht-Aether-bleibt-ein-Irrtum.html

12 Johann Rafelski, Spezielle Relativitätstheorie heute, Springer Spektrum, Berlin, 2019

zum Äther in der Zeit zwischen 1905 und 1920. Die Lektüre der dort geführten Diskussion möchte ich ausdrücklich den Leserinnen und Lesern ans Herz legen.

Schwerkraft nach Einstein – der neue Äther

Am 15. November 1919 schreibt Albert Einstein einen Brief an den niederländischen Physiker Hendrik Antoon Lorentz. Darin steht:

„Es wäre richtiger gewesen, wenn ich in meinen früheren Publikationen mich darauf beschränkt hätte, die Nichtrealität der Äthergeschwindigkeit zu betonen, statt die Nicht-Existenz des Äthers überhaupt zu vertreten. Denn ich sehe ein, dass man mit dem Worte Äther nichts anderes sagt, als dass der *Raum als Träger physikalischer Qualitäten* [kursiv; KK] aufgefasst werden muss."[13]

Einstein formuliert ähnlich in einer berühmten Rede vom 27. Oktober 1920 an der damaligen Reichsuniversität Leiden: „Nach der allgemeinen Relativitätstheorie ist der Raum mit physikalischen Qualitäten ausgestattet; es existiert also in diesem Sinne ein Äther. Gemäß der allgemeinen Relativitätstheorie ist ein Raum ohne Äther undenkbar; denn in einem solchen gäbe es ... keine Lichtfortpflanzung. ... Dieser Äther darf aber nicht mit der für ponderable Medien charakteristischen Eigenschaft ausgestattet gedacht werden, aus durch die Zeit verfolgbaren Teilen zu bestehen; der Bewegungsbegriff darf auf ihn nicht angewendet werden." und er ergänzt: „[Die heute vertretene Theorie hat] die Auffassung, dass der Raum physikalisch leer sei, wohl endgültig beseitigt."[14]

---

13 Zitiert nach Refelsi, ebenda

14 Albert Einstein, Äther und Relativitäts-Theorie, Rede Gehalten am 5. Mai 1920 an der Reichs-Universität zu Leiden, Berlin,

Interessant ist, dass bei dieser Rede Einsteins in Leiden der bisher in der Allgemeinen Relativitätstheorie postulierte Mechanismus der Gravitation „durch Raumkrümmung" nicht erwähnt wird. Das gibt Raum für Spekulationen: Wie stellt sich Einstein eine gravitative Raumkrümmung in einem „Raum mit physikalischen Eigenschaften", jedoch „ohne ponderables Medium" vor? Die Antwort nach dem WIE fehlt weiterhin.

In seinem Buch „Mein Weltbild" kritisiert Einstein später nochmals die frühere Vorstellung vom (Welt-) Raum als „passives Gefäß allen Geschehens, dass am physikalischen Geschehen selbst keinen Anteil hatte" und konkretisiert: „Felder sind physikalische Zustände des Raums"[15]. Der Hausausgeber Einsteins Buchs ergänzt hierzu: „Die ursprüngliche Fassung ... dieser Darstellung enthält als Schlusspassus noch ein ... letztes Postulat der Feldtheorie. Dieses wurde auf Wunsch von Prof. Einstein weggelassen ... ‚Ihr Vergleich mit der Erfahrung' schrieb Einstein an den Verleger ‚scheitert aber bisher an mathematischen Schwierigkeiten'".

Einstein charakterisiert also diese „physikalischen Zustände" des Feldes nicht näher. Ähnlich wie im vorletzten Abschnitt allgemein zum Thema „Das gravitative Feld" skizziert, fehlt also auch bei Einstein die Konkretisierung der Physik für die Raumkrümmung, für das WIE der feldvermittelten Krümmung eines Raums mit physikalischen Qualitäten, dem Äther.

Die Konsequenz?

Die Gravitation im makroskopischen Bereich zwischen zwei Massen wurde durch Newton mathematisch korrekt beschrieben. Ob sich dabei diese beiden Massen direkt über Fernwirkung

---

Springer, 1920
15 Albert Einstein, Mein Weltbild, Ullstein, West-Berlin 1957 (Erstdruck 1934)

anziehen und ob diese Fernwirkung über ein Medium („einen Äther") vermittelt wird, wird derzeit in kosmologischen Standardmodellen nicht befriedigend beantwortet. Nach der Allgemeinen Relativitätstheorie zieht nicht die eine Masse die andere direkt an – bei bewegten Massen erfolge diese Anziehung durch die gravitative Krümmung eines Raumes. Dabei wirkt eine gravitative Kraft auf unbekannte oder unklar beschriebene Weise auf den Raum ein. Dies kann sich mit dem Verständnis von Feldtheorien decken, deren Integration mit einem Äthermodell jedoch nicht offengelegt wird oder bisher nicht offengelegt werden kann. Die Frage nach dem WIE und nach dem physikalischen Substrat der gravitativen Wirkung bleiben unbeantwortet.

Die Analyse der Gravitationstheorie in gängigen kosmologischen Modellen führt also zu einem unbefriedigenden Ende, was nochmals an einigen Phänomenen verdeutlicht werden soll:

- Für die Massenanziehung bei der Cavendish'schen Gravitationswaage kann „Raumkrümmung" kaum als Erklärung dienen. Die geometrischen Gegebenheiten (minimalen Abstände und senkrechte Einwirkung) verbieten dies offensichtlich.

- Die Frage bleibt: Wie macht die Sonne das, den Raum in ihrer Umgebung zu krümmen und gerade so zu krümmen, dass alle Planeten ihre richtigen Bahnen, Sternenlicht aus allen Raumrichtungen in Sonnennähe seine richtige Aberration und jedwede Materie die ihrem Ort, ihrer Masse und ihrer Geschwindigkeit zukommende Raumkrümmung erhält? Das Schwerefeld der Erde oder der Sonne wird zu einer komplizierten Sache, weil außer der Stärke der Krümmung auch noch für jeden Punkt im Raum die Richtung der Krümmung (vektoriell) anzugeben ist.

- Geometrie ist noch keine Kraft. Wie entsteht bei Raumkrümmung die Anziehungskraft auf RUHENDE Materie in senkrechter Richtung zur Sonnenoberfläche?

- Das Gummituch-Modell, mit dem die Einstein'sche Vorstellung von Gravitation allgemein veranschaulicht wird, funktioniert nur, wenn „von unten" (in z-Richtung) eine Schwerkraft wirkt, die nicht nur die Senke um die große Kugel erzeugt, sondern die Bahn der bewegten Masse via Senke krümmt.[16]

- Gekrümmte Verläufe bei Ausbreitungsphänomenen sind noch kein Beleg auf Raumkrümmung: Die Lichtkrümmung/ Sonnenfinsternis kann auch über ein anderes Gravitationsverständnis begründet werden.

- Das Gravitationsmodell der Allgemeinen Relativitätstheorie versagt offensichtlich bei der Beschreibung der Kontraktion einer Gaswolke, wie wir später (vgl. Abschnitt; „Entstehung von Sternen aus einer Gaswolke"; Teil IV) zeigen werden.

Einstein kann Gravitation und elektromagnetische Strahlung in seinen Modellen zum Äther, zur physikalischen Funktionalität des Raums, noch nicht zusammenführen. Das ist letztlich eines der zentralen Probleme der Integration von den fundamentalen Wechselwirkungen in Kosmologie und Quantenphysik (vgl. Abschnitt „Quantengravitation").

Aber Einstein hofft auf eine integrierende Idee: „Natürlich wäre es ein großer Fortschritt, wenn es gelingen würde, das Gravitationsfeld und das elektromagnetische Feld zusammen als ein einheitliches Gebilde aufzufassen. Dann erst würde die von Faraday und Maxwell begründete Epoche der theoretischen Physik zu einem befriedigenden Abschluß kommen. Es würde dann der Gegensatz Äther – Materie verblassen und die ganze Physik zu einem … geschlossenen Gedankensystem werden."[17].

16　Vgl. z.B. https://www.scinexx.de/dossierartikel/gravitation-als-geometrie/ für eine Beschreibung des Gummituchmodells

17　Albert Einstein, Äther und Relativitäts-Theorie, Rede Gehalten am 5. Mai 1920 an der Reichs-Universität zu Leiden, Berlin, Springer, 1920

Um eben das zu erreichen, auch im Sinne von Einstein, dürfen wir demnach nicht beim unbefriedigenden Ende der derzeitigen Vorstellungen von Gravitation und Äther stehen bleiben. Ein Umdenken erscheint erforderlich, um entweder neue Modelle zu entwickeln oder aber den kleinen Trampelpfad, ganz dicht bei den bestehenden Ansätzen, zu finden, die zum „geschlossenen Gedankensystem" führen.

Der Urknall und sein angeblicher Zeuge

Dass unser Universum nicht seit aller Ewigkeit so aussah, wie es heute erscheint, ist eine neuere Erkenntnis des frühen zwanzigsten Jahrhunderts. Noch Albert Einstein ist in seinen grundlegenden Arbeiten von einem statischen Universum ausgegangen. Er konnte zwar auch ein kontrahierendes oder expandierendes Universum mit seinen Gleichungen beschreiben, fand diese Veränderungen gegenüber dem statischen Ansatz jedoch „ohne physikalische Realität".

Etwas vereinfachend können wir sagen, dass der Belgier Georges Lemaitre theoretisch (1927; auf Grund von Rechnungen) und der US-Amerikaner Edwin Hubble praktisch (1929; auf Grund von astronomischen Beobachtungen) die Expansion des Universums feststellten. Oder genauer: Hubble stellte fest, dass alle Sterne und Galaxien „von uns weg" fliehen, und zwar umso schneller, je weiter sie von uns entfernt sind. Ich nenne dies in diesem Buch die „Hubble-Expansion".

Den Priester George Lemaitre könnte man den Vater des „Urknalls" nennen, weil er schlussfolgerte „wenn alle leuchtende Materie im Universum auseinander flieht, muss sie zu einem frühen Zeitpunkt einmal sehr eng beieinander gewesen sein". Der Direktor der vatikanischen Sternwarte brachte diese Annahme zur Ausdehnung des Kosmos beim Urknall buchstäblich

„auf den Punkt": „Das Universum, das wir heute sehen, war … in einem Punkt konzentriert".[18]

Das ist der Grundgedanke des expandierenden Universums, den der Brite Fred Hoyle verächtlich „Urknall" (*Big Bang*) nannte, womit er die Entstehung von Allem (Raum, Zeit, Materie und Strahlung) aus dem Nichts als absurd abtun wollte. Hoyle glaubte selbst mit seiner „steady-state" Theorie an ein ewiges und unendliches Universum.

Der Streit zwischen steady-state Theorie und Urknall-Modell fand ein vorläufiges Ende, als 1964 Arno Penzias und Robert Woodrow Wilson die kosmische Mikrowellenhintergrundstrahlung (englisch: cosmic microwave background radiation (CMB;CMBR)) als Teil der kosmischen Hintergrundstrahlung (cosmic background radiation; CBR) entdeckten; die CMB wurde zum Kronzeugen des Urknall-Modells erklärt, was bis heute weitgehend ohne Widerspruch bzw. ohne alternativen Erklärungsvorschlag blieb. Einige Widersprüche und Unklarheiten im Urknall-Modell wurden durch Zusatz-Annahmen, z.B. die Inflationstheorie, korrigiert. Es entstand das heute meist als gültig angesehene „kosmologische Standardmodell", teilweise auch als „Konkordanzmodell" bezeichnet.

Ich verfolge in diesem Abschnitt einige Grundannahmen des Urknall-Modells sowie am Rande auch des steady-state Modells und charakterisiere insbesondere die Grenzen des Urknall-Modells. Es gibt weitere Theorien, deren Diskussion lohnend wäre, die wir jedoch hier nicht analysieren können – es handelt sich nicht um „herrschende Erklärungen" für die Entwicklung des Kosmos[19].

---

18 https://www.deutschlandfunkkultur.de/der-urknall-das-raetsel-vom-anfang-der-welt.976.de.html?dram:article_id=436914

19 Verweis auf Multiversum, zyklische Modelle etc.; vgl. Vorwort des Herausgebers

Prinzipien der Standardtheorie

Alles war, als es anfing, „absurd klein" (Feynmann, Penrose u.a. über die Planck-Skala) und zugleich unglaublich groß: Sämtliche derzeit im Universum vorhandene Materie (ca. 10^{80} bis 10^{90} Teilchen, hier als Anzahl von *Atomen* geschätzt) war damals „mit unendlicher Dichte" in einem einzigen Punkt, also auf ein Volumen NULL, zusammengepresst. Natürlich war das dann keine „normale" Materie, weil diese selbst mit der größten Dichte, die wir im Universum kennen, also mit der Dichte von Atomkernen oder Neutronen-Sternen, ein Volumen von der Größe ähnlich unserem Sonnensystem eingenommen hätte. Zudem hatte dieser Punkt aus Strahlung und entarteter Materie, nennen wir ihn „Ursuppenkonzentrat", eine „unendlich hohe" Temperatur.

Sehr kurz nach dem Zeitpunkt NULL begann das Ursuppenkonzentrat mit weit mehr als Lichtgeschwindigkeit auseinander zu fliegen, was nur möglich war, weil nach diesen Vorstellungen der Raum selbst expandierte, d.h. sein Volumen schlagartig von Null um um den *Faktor 10^{78}* vergrößerte[20], was man „kosmische Inflation" nennt. Die „Inflationstheorie" wurde von dem US-amerikanischen Kosmologen und Physiker Alan Guth entwickelt.

Dabei kühlte die Ursuppe gewaltig ab. Etwa 300 000 Jahre nach dem Zeitpunkt Null war aus der entarteten Materie/Strahlung ein Gebilde geworden, das eine weitgehend stabile Schwarzkörper-Strahlung von ca. 3500 Kelvin aussandte und nur noch mit der heute bekannten Geschwindigkeit expandierte. Die vom Urknall verbliebene Strahlung (entdeckt 1964) soll der heute messbaren kosmischen Mikrowellenhintergrundstrahlung entsprechen. Durch die Inflation war die geforderte Gleichmäßigkeit der CMB erreicht.

---

20 https://www.thphys.uni-heidelberg.de/~cosmo/dokuwiki/ doku.php?id=inflation

Die Urknall-Theorie stellt zwar heute das Standard-Modell für die Entstehung und Entwicklung des Weltalls dar, weist jedoch weitreichende Unstimmigkeiten auf. Einige davon werden im folgenden Abschnitt mit den folgenden Stichworten diskutiert:

- Urmaterie mit unendlicher Dichte
- Woher kommt die Energie für die Expansion?
- Interpretation der kosmischen Mikrowellenhintergrundstrahlung (CMB)
- Alter des Weltalls
- Inflation
- Entstehung der Galaxien im Zeitablauf.

Urmaterie mit unendlicher Dichte

Die Urknalltheorien betreffen nicht den Urknall selbst, versuchen aber die zeitliche Entwicklung des Universums sehr kurz nach dem Urknall zu beschreiben. Die angenommene Charakteristik des Urknalls selbst ergibt sich durch zeitliche *Rückwärtsextrapolation* auf den singulären Nullpunkt.

Ich gehe in diesem Buch nicht auf die fundamentalen Schwierigkeiten der Physik bei dieser extrapolierenden Beschreibung des Urknalls selbst ein. Es ist jedoch schwierig, dann die sehr frühe Kindheit des Universums zu diskutieren, wenn wesentliche Vorstellungen von der Geburt selbst offensichtlich physikalisch die Grenzen der Naturgesetze sprengen. Das beinhaltet insbesondere die hier für die Singularität angenommenen quantitativen Charakteristika: NULL und UNENDLICH. Auch die Energie müsste wie die Dichte und Temperatur „unendlich groß" gewesen sein. Das Konsensmodell der Urknall-Theorie geht ja bei der Extrapolation auf den Startpunkt davon aus, dass zum Zeitpunkt Null die gesamte im Universum das gesamte Ursuppenkonzentrat in *einem* Punkt ohne Ausdehnung, d. h. mit unendlicher Dichte, vorlag. Damit würde dem Beginn des Universums Längen unterhalb des Planck-Maßstabs zugeordnet. Auch für eine Gesamt-Anfangsstrahlung müsste der Raum einer Wellenlänge zur Verfügung stehen, damit eine Schwingung existieren könnte.

Woher kommt die Energie?

Die Frage nach der Herkunft der Expansions-Energie wird zu selten in der Diskussion um den Urknall überhaupt auch nur gestellt. Wir benötigen einen Hinweis, wie der Expansionsprozess energetisch *aufrechterhalten* wird. Tatsächlich beschleunigt sich sogar die Expansion – dies spricht gegen einen „einmaligen Energie-Einsatz zum Zeitpunkt Null". Es stellt sich die Frage nach einer noch heute, 13,8 Milliarden Jahren nach dem Start, funktionierenden Energiequelle.

Ebenso wie die Materie, die nach der Standardtheorie zu Beginn des Urknalls, wenn auch in anderer Form, schon vollständig existierte, waren auch die ungeheuren Mengen von Energie, die zur Expansion dieser Materie entgegen der Schwerkraft-Anziehung aufgebracht werden müssten, angeblich auch von Anfang an existent.

Um zu begründen, dass eine solche Energie vorhanden wäre, wurde mehrfach die kosmologische Konstante in Einsteins Differentialgleichungen als Ursache bemüht. Das wäre dann nicht weiterführend, wenn nur eine mathematische Formel Ursache eines beobachtbaren Phänomens sein soll.

Deshalb wurde die kosmologische Konstante inzwischen in eine Energiedichte des Vakuums assoziiert (über die Unterstellung einer konstanten Massendichte des Vakuums). Eine plausible Bilanzierung mit der erforderlichen Gesamtenergie fehlt indes. Die berechnete Vakuumenergiedichte liegt bei 10^{115} Gigaelektronenvolt (GeV)/cm^3 im Standardmodell, die gemessene Energiedichte liegt jedoch bei 10^{-5} GeV/cm^3 Sie ist damit etwa um den Faktor 10^{120} niedriger als in den theoretischen Berechnungen[21]. Die Schlussfolgerung deutet demnach auf fragliche Annahmen des Standardmodells: „Die Menge der Vakuumenergie stellt in diesem Kontext eines der größten Probleme der modernen Physik dar."[22]

Mit der Annahme einer „dunklen *Materie*", die angeblich 23–27 % der Gesamt-Materie im Universum ausmacht und doch wohl ebenso wie normale Materie „Expansions-Energie" benötigt, wird das Erklärungsdefizit keineswegs geringer (siehe Abschnitt „Entstehung der Galaxien im Zeitablauf"). Das führte dazu, dass zusätzlich noch eine „dunkle *Energie*" aus der Taufe gehoben wurde, die 68–73 % der Dichte des Universums bestimmen soll. Damit behaupte ich nicht, dass es keine dunkle Energie gäbe – ich möchte jedoch die quantitativen Angaben als mathematische Folge von einer Reihe von spekulativen Annahmen charakterisieren. Wie sagt der Buchhalter: Der Fehler einiger Pfennige in der Bilanz kann auf wesentlich gravierendere dahinter liegende Probleme hinweisen!

Wenn man die „dunkle Energie" als existent annimmt, muss auch unmittelbar die Frage aufgeworfen werden, wie sie sich physikalisch real manifestiert. Energie kann ja, das ist ein unumstößlicher Kernsatz der Physik, allenfalls umgewandelt, nicht aber erzeugt werden (oder verloren gehen). Der Kosmologie im Konkordanzmodell fehlte bisher eine wirklich überzeugende Theorie zur Herkunft der Expansions-Energie.

---

21 http://www.physik.kit.edu/Aktuelles/Vergangene_Veranstaltungen/
Physik_am_Samstag/PaS_12/PaS2012-deBoer.pdf

22 https://physik.cosmos-indirekt.de/Physik-Schule/Vakuumenergie

Interpretation der Mikrowellenhintergrundstrahlung (CMB)

Fluchtgeschwindigkeiten der kosmologischen Hintergrundstrahlung CBR (und damit der beobachteten Mikrowellenhintergrundstrahlung CMB) können ebenso wie die Fluchtgeschwindigkeiten der Galaxien anhand der Rotverschiebung der Photonen gemessen werden (Maßzahl der Rotverschiebung ist z). Die Rotverschiebung der Hintergrundstrahlung ist unbegreiflich groß: Die CMB habe bei ihrer Entstehung die spektrale Verteilung eines schwarzen Körpers von ca. 3000 Kelvin aufgewiesen und habe seither (durch Abkühlung, diese wiederum verursacht durch die Expansion des Universums) eine Rotverschiebung von etwa $z = 1100$ erfahren. Das ist mehr als merkwürdig: Die ältesten Galaxien, die wir heute kennen, haben ein Alter von mehr als 13 Milliarden Jahren und eine Rotverschiebung von ca. $z = 7{,}6$[23]. Warum, wenn fast genauso alt wie die CMB, ist die Strahlung der Alt-Galaxien nicht auch um $z = 1100$ „abgekühlt" oder warum ist die CMB nicht nur um $z = 7{,}6$ „abgekühlt"?

Die Differenz zwischen höchster und geringster Temperatur der CMB liegt, den neuesten Messungen zufolge, im ganzen beobachtbaren Universum bei winzigen $\pm\,0{,}002$ Kelvin. Das zeigt eine ungeheure Gleichmäßigkeit in der Verteilung. Mit der Inflationstheorie fehlt der Hintergrundstrahlung also eine gewisse *Ungleichmäßigkeit*, welche als Voraussetzung für die wenig später einsetzende Zusammenballung der Materie zu Galaxien anzunehmen ist. Die Hintergrundstrahlung sollte also zugleich ungleichmäßig und gleichmäßig sein. Die US-amerikanische Astrophysikerin Margaret Geller und der Astronom John Huchra erkannten, dass die Blasen und Leerräume des

---

23 https://de.wikipedia.org/wiki/A1689-zD1

beobachteten Universums im krassen Gegensatz zu der Gleich-förmigkeit der kosmischen Hintergrundstrahlung stehen[24].

Die CMB ist also sehr wahrscheinlich kein „Babyfoto des Universums" im zarten Alter von ca. 380 000 Jahren nach dem Urknall. Der Zeitfaktor spricht dagegen: Weil dieses Baby schon wenige Millionen Jahre später so erwachsen war, dass es aus-gewachsene leuchtkräftige Galaxien hervorbrachte, deren Alter wir heute mit mehr als 13 Milliarden Jahre bestimmen. Die Zeit war einfach viel zu kurz, um aus der dokumentierten extremen Gleichmäßigkeit durch gravitative Zusammenballung die erste Generation von Galaxien zu bilden.

Das Zentrum des „big bang" lag überall: Unser Sonnensys-tem ist ja nur ein winziger Teil des expandierenden Universums und nicht, wie es scheint, das „Zentrum der Fluchtbewegung". Eine 13,8 Milliarden Jahre alte Strahlung kommt somit von überall her. Es gibt keinen „Strahlungs-Hintergrund" nach Art einer Fläche in 13,8 Milliarden Lichtjahren Entfernung! Das er-klärt vielleicht auch die „rätselhafte", ca. 1000-fach zu hohe Intensität der CMB, die zu hoch ist, als dass sie von einer Fläche in 13,8 Mrd. Lichtjahren Entfernung kommen könnte.

Es gibt einige Vorschläge, woher die CMB-Strahlung denn sonst stammen könnte, wenn nicht „vom glutheißen frühen Universum". Der Fokus meiner Betrachtung liegt jedoch in die-sem Abschnitt darauf, die oft unhinterfragte These zu diskutie-ren, dass die CMB die Standardtheorie des Urknalls stützen würde.

---

24 Valérie de Lapparent et al., "A Slice of the Universe", in: The Astrophysical Journal, 3021,1986, L1-L5

Alter des Weltalls

Die *Hubble-Konstante* ist benannt nach dem bereits erwähnten Astronomen Edwin Hubble und stellt eine der fundamentalen Größen der Kosmologie dar. Sie beschreibt die gegenwärtige Rate der Expansion des Universums und wird in „Kilometer pro Sekunde und Megaparsec (km/sec pro Mpc)" gemessen, wobei ein Megaparsec einer Entfernung von etwa 3,3 Millionen Lichtjahren entspricht. Der Wert der Konstante ist Gegenstand verschiedener laufender Forschungsarbeiten, zwei Werte (67 und 74 km/sec pro Mpc) stehen derzeit im Mittelpunkt der Diskussion[25]. Wenn das Standardmodell die Expansion des Universums korrekt beschreibt, dann sollte die aus ihm über die Planck-Messung ermittelte Hubble-Konstante (67 km/sec pro Mpc) mit der direkt gemessenen (74 km/sec pro Mpc) übereinstimmten. Doch das tut sie nicht. Die Schlussfolgerung der Autoren eines entsprechenden SPEKTRUM-Artikels von 2019: „Insgesamt halten es immer mehr Wissenschaftler für möglich, dass niemand einen Fehler gemacht hat und beide Lager Recht haben. Das kosmologische Standardmodell wäre dann an einem entscheidenden Punkt falsch oder zumindest unvollständig. In diesem Fall wäre die Entwicklung des Universums vom Urknall bis heute etwas anders abgelaufen."

Inflation

Der US-Amerikaner Alan Guth rettete 1981 die in Frage gestellte Akzeptanz der Urknall-Theorie, indem er die Inflationstheorie aufstellte. Es hatte sich nämlich gezeigt, dass der „normale Urknall" niemals zu einer derart gleichförmigen Temperatur-Ver-

---

25 https://www.spektrum.de/news/hubbles-konstante-wird-immer-raetsel-hafter/1643430; https://www.deutschlandfunk.de/hubble-konstante-was-stimmt-nicht-mit-der-expansion-des.740.de.html?dram:article_id=482663

teilung des CMB hätte führen können, wie er bei der Vermessung der kosmischen Hintergrund-Strahlung tatsächlich festgestellt wurde. Die vom Planck-Satelliten gemessenen Bilder der Temperaturverteilung über den gesamten Horizont zeigen lokale Abweichungen vom Mittelwert der Hintergrunds-Strahlung (ca. 2,75 Kelvin), die nur wenige Millionstel Grad betragen.

Ich möchte die wichtigsten Argumente gegen eine derartige kosmische Inflation zusammenfassen:

- Die vom Planck-Satelliten ermittelten, sehr genauen Daten passen nicht zur Inflationstheorie. Wären sie stimmig, müssten die kalten und warmen Flecken viel stärker vom Mittelwert abweichen. Außerdem müssten durch die Inflation nachweisbare Gravitationswellen erzeugt worden sein, was nicht der Fall ist.

- Auch wenn die Annahme, der Kosmos sei isotrop und homogen, hier *auf der ganz großen Ebene aufrecht* erhalten wird (vgl. Abschnitt: „Ein Knall im dreidimensionalen Raum?"), mit welcher die große Gleichmäßigkeit des CMB trefflich Hand in Hand geht, wird diese durch neue Beobachtungen weitgehend modifiziert: Es gibt Hohlräume (Voids) von riesigen Ausmaßen und Galaxien sind keineswegs gleichmäßig sondern eher wie Filamente im Raum angeordnet (siehe Abschnitt „Entstehung der Galaxien im Zeitablauf").

- Um exakt die gemessene Gleichmäßigkeit der CMB hervorzubringen, müsste der Inflationsprozess in Dauer und Stärke eine ungeheure Genauigkeit aufweisen. Die Abstimmung hätte extrem genau erfolgen müssen, damit die damaligen Abweichungen (entsprechend der Heisenberg'schen Unschärferelation) über 13,8 Milliarden Jahre Expansion hinweg genau den derzeitigen Abweichungen der CMB entsprechen. Das scheint nicht plausibel.

- Eine plausible Aussage, woher die Energie stammt, die diese Inflation angetrieben hat, ist nicht zu finden: Angeblich ist ein skalares Teilchen namens „Inflaton" die Ursache der Ausdehnung. Das Inflaton scheint mir nur ein anderer Name für dasselbe ungelöste Problem.
- Es gibt Physiker, die meinen, alle Materie sei während und durch die Inflation entstanden (vgl. Stephen Hawking, *Das Universum in der Nussschale*, 2001); doch das würde die oben angesprochenen Widersprüchlichkeiten aus meiner Sicht in keiner Weise beseitigen.

Entstehung der Galaxien im Zeitablauf

Eines der größten Probleme des Standard-Modells ist es zu erklären, wie aus der angeblich von Anfang an komplett vorhandenen und, wie uns die CMB angeblich lehrt, extrem gleichmäßig verteilten Materie die heute beobachtbare Struktur des Universums entstand. Diese Struktur ist tatsächlich alles andere als homogen. Enorme Galaxienhaufen wechseln ab mit riesigen Leerräumen, deren Zustandekommen aus einer einheitlich verteilten Materie ein Rätsel darstellt. Hinzu kommt, dass die Zusammenballung von strukturloser, homogen verteilter Materie zu Galaxien und deren strahlungskräftigen Sterne innerhalb einer völlig unglaubhaft kurzen Zeit stattgefunden haben müsste. Es gibt keinen Algorithmus, der in der Lage wäre, die schwammartige Struktur unseres Universums ohne fragwürdige willkürliche Zusatzannahmen aus einer Materieverteilung entsprechend der CMB herzuleiten.

Als Gegenargument gegen die These, die Schwerkraft der im Universum sichtbaren Materie sei zu gering, als dass sich aus dem Ursuppenkonzentrat jene großräumigen Strukturen hätten entwickeln können, die Astronomen im heutigen Weltall beobachten, wurde von Kosmologen, die den Urknall vertreten, die

Existenz der „Dunklen Materie" vermutet. Die ersten Hinweise auf die Existenz Dunkler Materie gab es in den 1930er-Jahren, als der Schweizer Astronom Fritz Zwicky die Bewegungen von Galaxien im Coma-Galaxienhaufen untersuchte. Die neue „dunkle Materie" lieferte nach diesem Postulat fast 5-mal so viel Materie wie die gute alte klassische Materie. Eines der Probleme an der Theorie: Dunkle Materie konnte noch nie direkt nachgewiesen werden. Sie bleibt mysteriös[26]. Dennoch ist dunkle Materie heute eine Standard-Annahme in der Erklärung der Entstehung des Weltalls, in den Vorstellungen zu Vakuumquanten und auch zu bisher unverständlichen Umlaufgeschwindigkeiten der Sterne.

Nach dem Gravitationsgesetz müsste die Umlaufgeschwindigkeit der Sterne mit wachsendem Abstand vom Galaxiezentrum, um das sie rotieren, abnehmen, da die sichtbare Materie innen konzentriert ist. Messungen zeigen jedoch, dass sie konstant bleibt oder sogar ansteigt. Dies legt die Vermutung nahe, dass es dort Masse gibt, die nicht sichtbar ist: Dunkle Materie. Alan Sipols und Alex Pavlovich untersuchten in einer jüngst publizierten Studie (Dark Matter Dogma: A Study of 214 Galaxies) jedoch die Rotationsgeschwindigkeit in den Galaxien und fanden, dass die Daten sehr gut anders erklärt werden können: „Our findings make non-baryonic dark matter unnecessary in the context of galactic rotation"[27].

Es ergibt sich die Frage, ob ein kosmologisches Entstehungsmodell, das sich in seiner Legitimation ganz zentral auf dunkle Materie und dunkle Energie (postulierte ca. 95 % der Dichte des

---

26 https://www.mdr.de/wissen/mond-modifizierte-newtonsche-dynamik-dunkle-materie-gibt-es-nicht-100.html#:~:text=Dunkle%20Materie%2C%20glauben%20viele%20Astronomen,dunkle%20Materie%20entstehen%20scheibenf%C3%B6rmige%20Galaxien.
27 file:///C:/Users/user/Downloads/galaxies-08-00036-v2.pdf

Universums) beruft, ohne relevante Modifikationen als tragfähiges Konkordanzmodell herangezogen werden sollte.

Prinzipien der „steady-state"-Theorie

Der britische Astronom und Mathematiker Fred Hoyle glaubte mit seiner „steady state"-Theorie an ein ewiges und unendliches Universum. Auch das steady-state-Universum expandiert … aber bei diesem Universum ist die Materie *nicht*, wie beim Urknall, *am Anfang bereits komplett vorhanden*, sondern entsteht erst während der Expansion in exakt dem Umfang, dass die Materiedichte im Universum trotz Expansion immer gleich bleibt (daher der Name „steady state"). Festzuhalten ist, dass es bei Fred Hoyle kein Baby-Stadium des Universums, keinen super-heißen und extrem dichten Feuerball aus Plasma/Materie/Strahlung gibt, also auch nicht die angeblich von eben diesem Feuerball erzeugte und inzwischen abgekühlte Strahlung (CMB).

Die steady state –Theorie bleibt zum WIE der Materieerzeugung jegliche Erklärung schuldig. Hoyle bietet kein alternatives Erklärungsmodell für das Auftreten der sehr regelmäßigen CMB an. Da das „steady state"-Modell derzeit nicht als Standard-Modell gilt, muss ich an dieser Stelle auf eine vertiefte Diskussion des Ansatzes verzichten.

Ein Knall im dreidimensionalen Raum?

Gehen wir dennoch von einem urknallmäßigen Ereignis aus, dann müssen wir einen Blick auf die Geometrie (die örtliche Zuordnung) des Raumexpansion und die resultierende Anordnung der Galaxien im Raum werfen.

Dazu werden gerne Bilder herangezogen, die diesen Expositionsprozess verdeutlichen sollen. Solche Bilder können nur fehlerhaft und unvollständig das illustrieren, was sich tatsächlich seit dem Urknall abgespielt haben könnte.

Ich möchte dennoch drei Modell-Bilder des expandierenden Universums auf ihre Aussagekraft prüfen und zeigen, warum diese Bilder unzureichend sind:

- die explodierende Kanonenkugel,
- die expandierende Kugelschale/Torus,
- den aufgehenden Rosinenkuchen.

Bevor ich diese Modelle jedoch diskutiere, ist das „kosmologische Prinzip" (Edward Arthur Milne, britische Astrophysiker, 1933) in Erinnerung zu rufen: „Das Universum ist auf großer Skala annähernd *homogen* und *isotrop*."

Mit anderen Worten, das Universum ist danach unbegrenzt (ohne Grenzen) und bietet in jeder Beobachtungsrichtung dasselbe Erscheinungsbild. Ich übernehme diese Setzung für alle meine Überlegungen zur Kosmologie in diesem Buch, auch wenn es sich dabei um eine Annahme handelt, die prinzipiell nicht bestätigt werden kann und bei der ich oben (Filamente und Voids) bereits einräumen musste, dass sie nur modifiziert stimmt.

Ferner muss ich den Begriff der „Hubble-Expansion" erläutern: Ich bezeichne den Existenzbereich von Materie und Strahlung, den wir prinzipiell beobachten können, als Universum. Das so definierte Universum ist örtlich dreidimensional und wie eine Kugeloberfläche gekrümmt. Die Expansion, die wir in diesem Raum feststellen, nenne ich Hubble-Expansion. Alle Galaxien im Universum fliehen „von uns weg". Ich benötige diese Begrifflichkeit später bei alternativen Ansätzen, die auf einer örtlichen Vierdimensionalität aufbauen.

Die explodierende Kanonenkugel

Stellen Sie sich bitte eine Kanonenkugel alten Stils (wie Münchhausen sie zu seinem Ritt benutzte) vor, die gerade explodiert ist. Wir lassen für dieses Modell die Kanonenkugel in der Luftatmosphäre explodieren. Ihre Bestandteile (Eisensplitter) fliegen nun in alle Richtungen auseinander. Man kann wohl sagen, der Existenzbereich der Splitter ist annähernd kugelförmig und expandiert, wobei der Mittelpunkt der Ort ist, wo sich die Kanonenkugel vor ihrer Explosion befand.

Das Kanonenkugel-Universum lässt sich analysieren:

(1) Die Splitter bewegen sich *„durch den Raum hindurch"*, genauer: Durch das Medium (Luft), das den Raum erfüllt, hindurch. Ein *„Fahrtwind"* der Umgebung relativ zum Splitter ist also feststellbar.

(2) Wenn jemand sagt, „der Raum, in welchem sich die Bestandteile der Kanonenkugel befinden, expandiert", dann meint er mit „Raum" den lokalen Existenzbereich der Splitter und *nicht den „Raum" selbst*.

(3) Das ganze Ereignis läuft in 4 Dimensionen ab, drei örtlichen und einer zeitlichen. Der Vorgang der Expansion lässt sich durch Angabe der Ortskoordinaten x,y,z und der Zeit t für jeden Punkt im Raum hinreichend exakt beschreiben. Eine vierte Raumdimension wird nicht benötigt.

(4) Wir erwarten von der Fluggeschwindigkeit der Splitter, dass sie abnimmt, weil sie von dem Medium, durch welches die Kugelteile fliegen, abgebremst wird (im Prinzip auch von der Gravitation, welche die Splitter – direkt oder indirekt – aufeinander ausüben)

Übertrage ich dieses Bild auf unser Universum, indem einer der Splitter der explodierten Kugel den Planet Erde repräsentiert, dann zeigt sich

(a) Die Hubble-Expansion wird qualitativ zutreffend beschrieben

(b) Das kosmologische Prinzip ist keinesfalls erfüllt

(c) Ein „Ätherwind" (analog der Luft) ist im realen Universum nicht feststellbar

(d) Die Expansionsgeschwindigkeit erhöht sich im realen Universum, nimmt ab bei den Kugelsplittern

(e) Die 4-dimensionale Raumzeit nach der Speziellen Relativitätstheorie (oder ein durch 4-Dimensionen charakterisierter geometrischer Raum, wie er nach anderen Theorien zu diskutieren sein wird) wird mit diesem Bild nicht verdeutlicht.

Fazit: Ein Bild von Himmelskörpern, die wie die Splitter einer Kanonenkugel auseinanderfliegen, ist wenig brauchbar (jedenfalls nicht für ein umfassendes Bild der Expansion des Universums).

Eine expandierende Kugelschale

Nun könnte man stattdessen das Universum mit einer Hohlkugel vergleichen und mit Einstein behaupten, dass nicht die Galaxien auseinander fliegen, sondern der Raum, die Hohlkugel selbst expandiert. Relativ zu ihrer Umgebung bewegen sich dabei die Galaxien nicht. Das Modell kommt mit 3 Raumdimensionen aus: Die Hohlkugel ist ein dreidimensionaler Teilbereich des umgebenden 3-D Raumes. Ein allerdings entscheidender Nachteil des Hohlkugel-Modells: Das kosmische Prinzip ist verletzt. In und entgegen der Expansionsrichtung ist das Universum nicht ohne Grenzen und liefert zwangsläufig in dieser Richtung andere Ergebnisse der Beobachtung als beim Blick entlang dem Inneren der Kugelschale.

Ganz ähnlich liegen die Verhältnisse, wenn ich die Geometrie des Universums mit einem Torus beschreibe. Hier ist nur eine Raumrichtung unbegrenzt, das kosmologische Prinzip ansonsten verletzt.

Man beachte, dass bei beiden Modellen, bei der Kugelschale und dem Torus, der Raum keineswegs gekrümmt ist, vielmehr handelt es sich um einen gekrümmten *Ausschnitt* aus einem „normalen" (3-dimensionalen) Raum.

Fazit: Das Bild vom expandierenden Kugelschalen-Raum mit unbeweglich darin enthaltenen Galaxien ist ebenfalls nicht brauchbar (jedenfalls nicht für ein umfassendes Bild der Expansion des Universums).

Der aufgehende Rosinenkuchen

Das Modell „Rosinenkuchen" wird gerne benutzt, um das Einstein'sche Universum zu beschreiben (unzutreffend, weil der Rosinenkuchen 3-D ist und Einsteins Raumzeit 4 Dimensionen postuliert). Im Backofen „geht" der Rosinenkuchen (wegen der Verwendung von Hefe) „auf", d.h. sein Volumen innerhalb des Backofens (einem ebenfalls 3-D-Raum) vergrößert sich. Die Rosinen, welchen in unserem Modell die Galaxien entsprechen, bleiben unbewegt, d.h. die Hubble'sche Fluchtbewegung der Himmelskörper ist insofern eine Illusion, als nicht die Galaxien eine Bewegung relativ zu ihrer Umgebung vollführen, sondern der Hefeteig-Raum expandiert.

Der Rosinenkuchen ist somit ein anschauliches Modell, das den *fehlenden Ätherwind* berücksichtigt, nicht aber das kosmologische Prinzip. Das Rosinenkuchen-Universum ist weder unbegrenzt noch bietet es für uns in jeder Raumrichtung den gleichen Anblick.

Fazit: Das Bild vom Rosinenkuchen wird oft bemüht, ist aber auch kein wirklich brauchbares Modell (jedenfalls nicht für ein umfassendes Bild der Expansion des Universums).

Dimensionalität der Expansion des Universums

Mich interessiert nun die Frage, in welche Dimensionen der Urknall (oder das urknallähnliche Ereignis) denn erfolgt sein mag: Drei Raumdimensionen (wie alle die beschriebenen Bilder es nahelegen) oder vier Raumzeit- oder Raumdimensionen, wie es unter anderem die Standardannahme aus der Relativitätstheorie nahelegt? Zu diesem Expansionsmodell liegen jedoch keine spezifischen Überlegungen vor.

In diesem Zusammenhang ist es interessant, von einer Überlegung von Stephen Hawkins zu berichten, der eine 3-D-Vorstellung des Universums nahelegt. Das Spätwerk „Der große Entwurf" von Stephen W. Hawking belehrt uns zur Fragestellung nach der erforderlichen Anzahl von Dimensionen, um die Geometrie bzw. die Ereignisse im Weltraum adäquat zu beschreiben:

– *„Wenn wir davon ausgehen, dass eine über einige hundert Millionen Jahre hinweg stabile Umlaufbahn erforderlich ist, damit sich planetenbasiertes Leben entwickeln kann, wird auch die Zahl der Raumdimensionen von unserer Existenz bestimmt, denn nach den Gravitationsgesetzen sind stabile elliptische Bahnen nur in drei Dimensionen möglich ... Bei jeder anderen Dimensionszahl als drei genügt schon eine kleine Störung, ... um einen Planeten von seiner Kreisbahn ab zu bringen und ihn entweder spiralförmig in die Sonne oder von ihr fort trudeln zu lassen ..."*

– *„Außerdem würde in mehr als 3 Dimensionen die zwischen zwei Körpern wirkende Gravitationskraft rascher abnehmen. In 3 Dimensionen fällt die Gravitationskraft bei Verdoppelung der Entfernung auf $^{1}/_{4}$ ihres Wertes. In vier Dimensionen würde sie bei Verdoppelung auf $^{1}/_{8}$ fallen, in 5 Dimensionen auf $^{1}/_{16}$ und so fort ..."*

– *„Infolgedessen könnte sich in der Sonne bei mehr als drei Dimensionen kein Gleichgewicht zwischen ihrem inneren Druck* *und der Gravitation einstellen, die sich bemüht, die Sonne in sich zusammenfallen zu lassen. Die Sonne würde entweder auseinanderfliegen oder zu einem schwarzen Loch zusammenstürzen …"*

– *„Auf atomaren Größenskalen würden sich die elektrischen Kräfte genauso verhalten wie die Gravitationskräfte. Das heißt, die Elektronen würden entweder entweichen oder spiralförmig in den Kern kreiseln. In keinem dieser Fälle könnten Atome existieren, wie wir sie kennen."*[28]

Diese Argumente wurden im Wesentlichen bereits zu Beginn des 20. Jahrhunderts verwendet. Sie würden nicht zum 4-D-Raum des Standard-Modells passen und können insofern, wenn zutreffend, nur in ein abweichendes kosmologisches Modell ohne Widerspruch integrierbar sein.

Die Konsequenz?

Die Überlegungen zur Urknalltheorie und zur Entwicklung des Universums zeigen, dass das Standard-Modell des Urknalls im Bild von George Lemaitre mit den Ausweitungen um die Inflationstheorie von Allan Guth und die Verknüpfung mit der Existenz einer „dunklen Materie" zahlreiche Ungereimtheiten aufweisen. Eigentlich sollten die Messergebnisse zur kosmischen Hintergrundstrahlung (als CMB) mit der Urknall-Theorie gestützt werden. Die Diskrepanz der hohen Homogenität der CMB zu der ungleichmäßigen Entstehung von Galaxien in einem schwammartigen Filament des Universums ergeben starke Zweifel an dem Ansatz, zumindest, wenn das Standard-Modell ohne größere Modifikationen Gültigkeit haben sollte.

---

28 Stephen Hawkin und Mlodinow, L., Der große Entwurf, Reinbek, 2010, hier: Seite 159

Die Vorstellungen vom Urknall mit der Expansion des Universums in einem vierdimensionalen Raum bilden sich einerseits nur unzureichend in der heutigen Differenzierung des Standardmodells ab, werden aber natürlich auch nicht in den dreidimensionalen Bildern zur Veranschaulichung angemessen dargestellt und berücksichtigen zugleich nicht die schwerwiegenden Bedenken von Stephen Hawkins gegen ein vierdimensionales Universum. Sie werfen zumindest Fragen nach einer besseren geometrischen Deutung der Vierdimensionalität auf.

Diese zentralen Probleme der Standard-Theorie der Entstehung unseres Kosmos führen also zu einem unbefriedigendes Ergebnis bei der Einordnung des „main stream"-Modells.

Botenteilchen mit Tarnkappe

Bisher haben wir klassische Felder der Kosmologie angeschaut und ich versuchte, deutlich zu machen, dass die herkömmlichen Erklärungsmodelle dazu in ein unbefriedigendes Ergebnis münden. Ganz zentral für ein stimmiges physikalisches Gesamtgebäude ist aber auch die Frage, ob die Gesetze, die im Großen gelten könnten, sich auch im Kleinen widerspiegeln: Ob also z. B. die Physik der Gravitation auch in der Elementarteilchenphysik aufrecht erhalten werden kann oder ob die Unterschiede innerhalb des physikalischen Erklärungsmodells begründbar sind.

Es bietet sich an, bestimmte *Wechselwirkungen* zwischen Teilchen im Großen wie im Kleinen zu betrachten. Ich werde das herrschende physikalische Verständnis zu diesen Wechselwirkungen im quantenphysikalischen Bereich an den Beispielen der starken Kernkraft und am Beispiel der Quantengravitation skizzieren.

Die Thematik kann leider weit weniger gründlich analysiert werden, als ich dies in den klassischen Feldern der Kosmologie umgesetzt habe. Die beispielhaften Skizzierungen machen jedoch bereits deutlich, dass auch in diesem quantenphysikalischen Bereich ein „unbefriedigendes Ende" wartet: Wechselwirkungen im Großen werden abweichend von den Wechselwirkungen im Kleinen erklärt: Die Modelle passen nicht zusammen.

Die starke Kernkraft als eine der Elementarkräfte

Elementarkräfte haben auf quantenphysikalischer wie kosmologischer Ebene eine zentrale Bedeutung. Die heutige Physik geht von 3 Elementar-Kräften aus, die die Struktur von Materie im atomaren und subatomaren Bereich bestimmen:

(1) Starke Kernkraft

(2) Schwache Kernkraft

(3) Elektromagnetische Kraft

Diese Kräfte sollen nach dem Standard-Modell der Quantenmechanik mittels Botenteilchen übertragen werden. Diese Übertragung wird als fundamentale Wechselwirkung bezeichnet. Im Zusammenhang mit den Elementarkräften wird demnach „Kraft" im übertragenen Sinne gleichbedeutend mit Wechselwirkung definiert und losgelöst von der Darstellung durch einen mechanischen Kraftvektor. Ich fokussiere im Folgenden auf das Beispiel der „starken Kernkraft", weil daran besonders gut eine fragwürdige Theorie zu erläutern ist, die ich später als „reduktionistisch" einordnen will, und die sich als Standardmodell etabliert hat.

Das Standardmodell charakterisiert Materie als aus Elementarteilchen bestehend, den „Fermionen", die jeweils eine charakteristische Masse, Ladung und Spin (Eigendrehimpuls) besitzen sollen (die Ladung kann auch *Null* sein). Zu den Materie-Elementarteilchen gehören Quarks und die Leptonen (z.B. das Elektron und die Neutrinos).

Materie-Elementarteilchen wechselwirken nach diesem Modell der Quantenmechanik und Quantenfeldtheorie mit anderen Elementarteilchen über Botenteilchen (Austauschteilchen; (Eich-) Bosonen). Diese haben danach meist keine Masse und keine Ladung, jedoch ebenfalls einen Spin. Zu den Botenteilchen gehören z.B. „Gluonen" (Klebeteilchen) der starken Kernkraft oder das „Photon" der elektromagnetischen Wechselwirkung. Spezifische Kopplungskonstanten legen die Stärke der elementaren Wechselwirkung fest. Charakteristisch ist, dass die Austauschteilchen als solche für die Außenwelt unsichtbar bleiben. Sie befinden sich in virtuellen Zuständen, rufen aber dabei u.a. die bekannten Wirkungen eines klassischen Kraftfelds hervor: Für unser Vorstellungsvermögen handelt es sich also um etwas mysteriöse Botenteilchen, die wir nur mit Hilfe der Mathematik hinter ihrer Tarnkappe vermuten können.

Die **starke Kernkraft** gab es schon, als Quarks noch nicht postuliert wurden. Sie hielt die Kernbausteine beieinander – keine einfache Aufgabe z. B. beim Kohlenstoff, wo 6 positiv geladene Protonen sich im Kern stark abstoßen. Das war lange bevor die beobachteten Inhomogenitäten im Inneren von Protonen und Neutronen als „Teilchen" (Quarks) bezeichnet wurden. Den postulierten Quarks wurde dann anteilig die Ladung des Protons zugerechnet: Die elektrische Ladung der Quarks ist entweder $-1/3$ oder $+2/3$ der Elementarladung[29]. Diese rechnerisch logische Zuordnung führt zu 3 Problemen:

- Nunmehr muss postuliert werden, dass Ladung auch in Bruchteilen der Elementarladung auftritt.
- Es müsste wohl auch eine neue Art von starker Bindungskraft postuliert werden, welche die abstoßende Wirkung zwischen den Quarks mit gleichem Ladungsvorzeichen kompensiert.
- Ein experimenteller Nachweis der Quark-Ladung scheint unmöglich, da es keine Quarks als separierbare Teilchen gibt.

Ich sehe das als Beispiel für einen unbefriedigenden Reduktionismus an, wie er sehr häufig in quantenphysikalischen Modellen zu finden ist.

Zweifellos brauchen Quarks auch eine Bindekraft entgegen der Abstoßung gleichnamiger Ladung, weil ein Proton sehr eng beieinander zwei positiv geladene Quarks enthält. Auch hier soll es die „starke Kernkraft" sein, deren Botenteilchen „Gluonen" heißen. Es gibt nun acht verschiedene Gluonen, welche für die

---

29 https://de.wikipedia.org/wiki/Quark_(Physik)

spezielle Art der Anziehung der sechsunddreißig verschiedenen Quarks sorgen.

Die Kraft, welche Gluonen zwischen den Quarks vermitteln sollen, ist nach den Vorstellungen des Standard-Modells besonderer Art: Sie nimmt mit der Entfernung zu („confinement"). Diese Anbindung sorgt dafür, dass grundsätzlich niemals ein einzelnes Quark beobachtet werden kann, weil es nicht separierbar ist. Diese Eigenschaft ist bei der starken Kernkraft zwischen *klassischen* Kernteilchen unbekannt.

Zwei mögliche Schlussfolgerungen wären bei dieser Datenlage naheliegend:

(1) dann ist die Kraft zwischen Quarks eben nicht die bereits bekannte „starke Kernkraft" sondern „etwas Neues",

(2) dann ist die Beschreibung der Inhomogenitäten in den subatomaren Teilchen (den „Hadronen") als Quarks (als Teilchen, die nicht abteilbar sind) vielleicht keine Real-Physik, sondern nur ein theoretisch-mathematischer Artefakt.

Beide mögliche Schlussfolgerungen wurden offensichtlich verworfen und die Diskrepanz in den Eigenschaften jeweils zugeordneten starken Kernkraft aus der Diskussion ausgeklammert.

Quantengravitation

Neben dem Begriff der drei Elementarkräfte existiert der sehr ähnlich definierte Terminus der „Grundkräfte". So gibt es in den Lehrbüchern der Quantenphysik oft vier Grundkräfte statt drei Elementarkräfte. Das liegt daran, dass auch die Gravitation auf Quantenebene oft zu den vier Grundkräften, nicht aber zu den drei Elementarkräften, gerechnet wird.

Bisher habe ich versucht, das Schwerkraftthema überwiegend mit Beispielen aus dem Kosmos (Planetenbewegung um die Sonne) oder mit dem fallenden Apfel zu erläutern.

Aber: Wie sieht es mit der Gravitation auf der Mikroebene aus – in der Elementarteilchenphysik? Tatsächlich wird diese Übertragbarkeit und Gleichartigkeit der Gravitationsphänomene intensiv diskutiert, mit Modellen zur sogenannten „Quantengravitation".

Es gibt jedoch fast kein Buch über Kosmologie, was nicht die Unverträglichkeit zwischen Quantenmechanik und der Relativitätstheorie beklagt. Ursache ist, so liest man, dass derzeit noch keine Theorie der Quantengravitation existiert. Auch die Stagnation in der Quantenphysik und in der Kosmologie wäre nur dann zu überkommen, wenn es uns endlich gelänge, eine Theorie der Quantengravitation zu erstellen. Angeblich lässt die seit Jahrzehnten herbeigesehnte „Vereinigung" von Relativitätstheorie und Quantenmechanik so lange auf sich warten, bis wir das Schwerkraft-Quanten-Verhalten in Formeln/in eine Theorie gegossen haben.

Tatsächlich lässt sich Einsteins Allgemeine Relativitätstheorie nicht auf der Ebene einzelner Quanten bestätigen: Die These „Raumkrümmung durch Gravitation" scheint nicht für einzelne Quanten zu gelten. Das beliebte Schwerkraft-Modell, bei welchem Botenteilchen (Gravitonen) die Anziehungskraft zwischen Materieteilchen vermitteln, scheint auch nicht zu funktionieren, wenn Materie in Form von Quanten vorliegt.

Nach diesem Bild der „Gravitation via Botenteilchen" besteht Gravitation darin, dass von einer Masse zur anderen Teilchen hin- und her „geworfen" werden[30]. Danach wird auch die Anziehungskraft zwischen Materie angeblich „durch Botenteilchen übermittelt". Das (hypothetische) Botenteilchen der Schwerkraft heißt **Graviton**. Der Begriff tauchte erstmals

---

30 http://www2.physki.de/PhysKi/index.php?title=Datei:
    Austauschteilchen.jpg

1934 auf und etablierte sich erst deutlich später. Es wurde bisher nicht nachgewiesen und ist, wie alle anderen Botenteilchen, „virtuell". Möglicherweise, wurde spekuliert, gäbe es eine Quantisierung der Gravitationsstrahlung durch Gravitonen analog zur Quantisierung der elektromagnetischen Strahlung durch Photonen. Damit wird eine Brücke zur Quantenfeldtheorie geschlagen.

Das Unbefriedigende an der Vorstellung von Botenteilchen ist nicht, dass es sich um virtuelle Teilchen handeln soll, sondern das mangelnde Verständnis zu dem postulierten gravitativen Teilchen-Austauschmechanismus die fehlende Integration der Quantenfeldtheorie in ein zugleich kosmologisch und in der Quantenmechanik gültiges umfassenderes Verständnis.

Eigentlich ist die Suche nach dem Graviton erstaunlich, wenn man zugleich Einsteins Vorstellung folgt, dass Schwerkraft sich in der Raumkrümmung manifestiert. Denn dann gäbe es keine Wechselwirkung zwischen Materie-Elementarteilchen (sondern eine Wechselwirkung von Materie und Raum). Das virtuelle Graviton auf der Ebene der Quanten-Wechselwirkung gibt es in den Vorstellungen der Einstein'schen Schwerkraft nicht.

Für die fehlende Bestätigung der Allgemeinen Relativitätstheorie auf quantenphysikalischer Ebene gibt es die Begründung, die Schwerkraft sei auf Quantenniveau unfassbar klein, nämlich um den Faktor 10^{-40} geringer als die elektromagnetische Anziehungskraft. Dieser Faktor trifft mathematisch zu. Diese Feststellung passt aber nicht zu der Aussage, dass Schwerkraft auf Quantenniveau über sehr viel größere Entfernungen wirksam wäre, denn beide Kräfte vermindern sich nach demselben quadratischen Entfernungsgesetz.

Die Konsequenz?

Ich habe an den Phänomen der „starken Kernkraft" deutlich gemacht, dass die Vorstellungen des Standard-Modells der Elementarteilchen möglicherweise auf falschen Voraussetzungen basieren, die ich auch später in diesem Buch als „Reduktionismus" kritsieren werde. Ähnliche Diskussionen wären zu den anderen Elementarkräften zu führen. Es ergibt sich die Überlegung, ob das Modell der Anziehung durch Teilchen-Austausch nicht durch ein besseres ersetzt werden kann. Ich werde dazu in Teil IV Hinweise geben.

Die Quantengravitation scheint ein Ansatz zu sein, der aus dem Bedürfnis entstand, Wirkungsmechanismus eines angenommenen Teilchentransfers zu vereinheitlichen. Insofern müssen den Vorstellungen von 4 bestimmenden Elementarkräften im Standard-Modell der Elementarteilchen mit Skepsis begegnet werden. Wir wissen, dass die starke Kernkraft und die elektromagnetische Kraft jedenfalls unterschiedliche Arten von Wechselwirkung darstellen, die sich auch wieder von der der schwachen Kernkraft unterscheiden. Der Kandidat für die vierte Elementarkraft, die Gravitation, zeigt nochmals eine gänzlich andersartige Wechselwirkung und ist, zum Beispiel laut Einstein, nicht als Kraft zu bezeichnen.

Stattdessen bestehen aber weiterhin umfangreiche Forschungsaktivitäten darin, das bestehende Standard-Modell noch auszufeilen und sogar vereinheitlichen zu wollen. Angeblich ist die Zusammenfassung der Elementarkräfte bei absurd hohen Energien zu einer einzigen „Urkraft" ein bedeutender Schritt vorwärts zur „Theory of Everything" oder „Great Unifying Theory". Aber es scheint mir nicht zielführend zu diskutieren, ob alle vier (oder alle drei oder alle fünf) Elementarkräfte bei extremen Bedingungen zu einer einzigen Kraft verschmelzen. Alternativ wäre es möglicherweise eine Lösung, mit Hilfe veränderter

Denkansätze die Unterschiedlichkeit der Elementarkräfte und der Wechselwirkungen im Großen oder im Kleinen ohne Widerspruch durch jeweils spezifische Funktionsweisen in einem integrierten Modell zu erklären.

60

Teil II:
Umdenken erforderlich!

In Teil I habe ich an wichtigen Beispielsthemen gezeigt, dass die Standardtheorien zu Kosmologie und Quantenmechanik jeweils Elemente beinhalten, die sich schwerlich zusammenführen lassen, aber auch innerhalb des kosmologischen oder quantenmechanischen Weltbildes nicht stimmig oder zumindest sehr fraglich erscheinen. In Teil III werde ich versuchen, modifizierte Modelle für Kosmologie und Quantenmechanik vorzuschlagen und zu skizzieren. Das geht jedoch nur durch Infragestellen und Änderung mancher bestehender Denkgewohnheiten.

Dazu notiere ich in Teil II dieses Buches einige Einsichten, die meine Überlegungen begleiten:

- „Natur" und „Beschreibung der Natur" sind etwas anderes
- Ob ich mich mit einer Theorie der „Wirklichkeit" annähere, weiß ich nicht
- Mathematik ist ein guter Helfer, der aber verschiedenen Herren dient
- Noch fehlende Falsifizierbarkeit darf zunächst nicht von der Theoriebildung abschrecken
- Unser menschliches Vorstellungsvermögen greift für das Verständnis zahlreicher physikalischer Gesetzmäßigkeiten zu kurz
- Wir müssen respektieren, dass manche Dinge nicht im Rahmen der Naturwissenschaften beantwortbar sind.

Ich werde im Folgenden näher beschreiben, was hinter diesen Überlegungen steht, ohne dass ich mit dieser Schrift eine umfassende wissenschaftstheoretische Erörterung vom Zaun brechen möchte.

„Natur" und „Beschreibung der Natur" sind etwas anderes

In seinem Spätwerk „Physik und Philosophie" (1950) schreibt Heisenberg: *„Wir müssen uns daran erinnern, dass das, was wir beobachten, nicht die Natur selbst ist, sondern Natur, die unserer Art der Fragestellung ausgesetzt ist."*

„Eine Rose ist eine Rose ist eine Rose" … habe ich im Prolog dieses Buches dem indianischen Medizinmann in den Mund gelegt, um deutlich zu machen, dass die menschliche Beschreibungen vom dem, was angeblich IST, zu kurz greifen müssen. Und dennoch werden Beschreibungen gebraucht und können nützlich sein, nämlich dann, wenn der beschreibenden Person immer bewusst ist, dass sie ein physikalisches Objekt nicht vollständig und objektiv charakterisiert, sondern eben nur Bilder verwendet, die Vergleiche mit (überwiegend gewohnten) Phänomenen ermöglichen. Andere Denkgewohnheiten würden zu anderen Bildern und anderen Vergleichen führen.

Wie viele Physiker haben immer wieder versucht zu beweisen, ob Licht nun „in Wirklichkeit" Welle oder Korpuskel sei. Und tatsächlich gibt es hochintelligente Theorien, die in der Lage sind, das eine oder andere schlüssig zu belegen. Aber ist das überhaupt die richtige Fragestellung?

Der US-amerikanische Physiker Richard Feynmann war im Rahmen seiner Arbeiten im Bereich der Pfadintegralmethode in der Lage, komplett auf das Wellenmodell vom Licht zu verzichten und schlussfolgerte: *„Newton glaubte, dass Licht aus Teilchen bestehe … und der hatte recht … Heute wissen wir, dass Licht in der Tat aus Teilchen besteht … Das müssen sich vornehmlich diejenigen unter Ihnen einprägen, die in der Schulte vermutlich etwas* *vom Wellencharakter des Lichts erzählt bekamen. In Wirklichkeit aber ist das Verhalten von Licht das von Teilchen.* "[31]

Der Wiener Physiker Erwin Schrödinger versuchte wiederum, dem Licht ausschließlich Wellencharakter zuzuordnen, indem das teilchenähnliche Verhalten von Licht als Eigenwert der Wellenfunktion oder als „Wellenpaket" gedeutet wurde. Schrödinger bemühte sich hier, eine möglichst große Zahl von Beobachtungen ohne das Teilchen-Bild zu erklären.

Die Beschreibung von Licht als Welle oder als Teilchen ist jedoch subjektive Wahl der beschreibenden Person und hat damit, was Licht IST, wenig zu tun. Allzu leicht gerät in Vergessenheit, was Resultat der Beschreibung und was Eigenschaft des beschriebenen Objektes sein könnte. Mit gravierenden Folgen: Beschreibe ich beispielsweise die Lichtausbreitung als Wahrscheinlichkeitswelle, dann verwundert es, wie denn die Wellenausbreitung, die für viele Stellen im Raum dieselbe Wahrscheinlichkeit voraussagt, sich mit Über-Lichtgeschwindigkeit (instantan) auf eine Stelle im Raum zusammenziehen kann, wo ein Lichtrezeptor dann tatsächlich das Auftreffen von Licht vermeldet. Man spricht von einem „instantanen Zusammenbruch der Welle" und nennt dieses unverständliche Verhalten von Licht ein Paradoxon.[32] … Das ist es aber nicht: Eine Wahrscheinlichkeitswelle (weil letztlich ein mathematischer Formalismus) kann instantan zusammenbrechen, wie aber sollte eine physikalisch-reale „Lichtwelle" dies fertigbringen? Die angebliche Problematik ist also lediglich einer „Vergesslichkeit" geschuldet: Wenn ich das Wahrscheinlichkeits-Wellenbild als Beschreibung wähle, dann hat diese Beschreibung bestimmte Eigenschaften, die lediglich aus der Beschreibung logisch immanent und zwangsläufig er-

---

31 Richard P. Feynman, QED- Die seltsame Theorie des Lichts und der
    Materie, München Zürich, 7. Auflage, 2002
32 https://scilogs.spektrum.de/quantenwelt/subjektive-wellenfunktion/

wachsen. Für das beschriebene Objekt selbst gilt diese Logik jedoch nur, wenn Beschreibung und Objekt identisch sind, was aber grundsätzlich nicht der Fall sein kann.

Eine unüberschaubar große Menge von Streitigkeiten in der Physik würde sich in Wohlgefallen auflösen, wenn die Erfinder einer Theorie deutlich machen würden, welche Aussagen ihrer speziellen Beschreibungsweise entspringen und nicht durch die Beobachtung des Objektes selbst denknotwendig erzwungen sind.

In Abwandung zum oben berichteten Heisenberg-Zitat will ich also weitergehend festhalten: Wir müssen uns daran erinnern, dass das, was wir anderen und uns selbst vermitteln, nicht die Beobachtung selbst ist, sondern unsere Interpretation, die unvermeidlich durch unsere Art zu denken geprägt ist.

Wir werden diese Überlegung benötigen, wenn wir zum Beispiel die unbeantwortbare Frage stellen sollten: „Was IST Materie?", „Was IST der Äther?" – Ich werde mich darauf beschränken, eine Beschreibung zu diesen physikalischen Objekten zu wählen, die sich um die Erfüllung der Kriterien von Konsistenz und Stimmigkeit bemüht und um die Konformität mit Beobachtungen. Und ich werde prüfen, ob diese Beschreibung insofern nützlich ist, als sie ein Erklärungspotenzial für andere beobachtete physikalische Phänomene bietet. Diese „genügsame" Zielsetzung an eine Theorie scheint mir zugleich ein bescheidenes und angemessenes Unterfangen. Die Wahrheitsfindung liegt jenseits dieser Ziele und unserer Möglichkeiten.

Ob ich mich mit einer Theorie der „Wirklichkeit" annähere, weiß ich nicht

Der menschliche Geist ist darum bemüht, eine Beschreibung zu finden, die möglichst ALLE Beobachtungen mit einem einzigen Beschreibungsprinzip erklärt.

Wenn es jedoch zur Forderung wird, eine Theorie auf unsere Beobachtungen zu gründen, möchte ich zu Bedenken geben: Zum Einen – jede Beobachtung ist zwangsläufig eine Interpretation. Der tägliche Sonnenaufgang beispielsweise legt als reine Beobachtung eher ein geozentrisches als ein heliozentrisches Weltbild nahe. Und zum Anderen: In aller Regel kann ich nur beobachten, was ich zuvor zumindest als existent erahnt habe. Ich denke, diese Einschränkungen gelten in der gesamten Physik, nicht nur im Bereich der Quantenphysik oder der Kosmologie, wo der Beobachtbarkeit technologische Grenzen des allzu Kleinen, des allzu Großen und der vergangenen oder zukünftigen Zeit gesetzt sind. Das Beobachtungskriterium ist also mit einer gewissen Vorsicht bei der Einordnung physikalischer Theorien heranzuziehen.

Wenn also diese Einschränkungen hinsichtlich der Beobachtung entstammenden Beschreibung beachtet sind, so sollte doch wenigstens die Forderung an physikalische Theorien zu erfüllen sein, der *„Schmiegeraum zwischen Beschreibung und Realität“*[33] müsse möglichst eng sein. Ist das tatsächlich die Forderung? Der Satz klingt gut, hat aber einen entscheidenden Haken: Was genau ist die „physikalische Realität“? Tatsächlich kennen wir sie nicht.

Mathematik ist ein guter Helfer, der aber verschiedenen Herren dient

Unter Umständen kann mit Hilfe der Mathematik eine physikalische Theorie widerlegt werden. Doch umgekehrt ist das nicht der Fall: Die Richtigkeit der physikalischen Theorie kann nicht mit Hilfe der Mathematik bewiesen werden. Im Gegenteil: Wenn eine mathematische Gleichung nur mit der Einführung

---

33   Hans H. Sallhofer / Dennis Radharose, Hier irrte Einstein, Universitas, 1997

von zusätzlichen Variablen, Konstanten und Parametern eine Theorie stützt, dann ist es gut möglich, dass diese Mathematik die experimentellen Physiker auf eine Suche nach einem physikalischen Substrat schickt, das sich als mathematisch generiertes Artefakt erweist. Insofern ist eine mathematische Stützung einer physikalischen Theorie willkommen, erhöht somit auch die Plausibilität einer physikalischen Theorie und kann Anlass für weiterführende Forschung nach bisher Unerklärbarem sein. Anderseits muss eben auch der Hinweis auf den angeblichen „mathematischen Beweis" der „Wahrheit" einer Theorie mit angemessener Reserve betrachtet werden.

Eines der bekanntesten Beispiele für diese Problematik ist die Epizyklentheorie: Dieses mathematische Modell von Kreisbahnen der Planeten auf kreisförmigen Umlaufbahnen lieferte sehr genaue astronomische Werte für die Planetenbewegungen in einem geozentrischen Weltbild, es entsprach also höchst befriedigend den Beobachtungen. Die Physiker Lesch und Gaßner (2017) fassen knapp zusammen: „Wie man sieht, gibt es zu jedem beliebig komplizierten physikalischen Problem eine ganz einfache und zugleich völlig falsche Erklärung. Die Epizyklentheorie war noch nicht einmal einfach."[34] und weitergehend „Das Interessante an der Mathematik ist ja, dass sie sich mit Strukturen beschäftigen kann, die gar nicht existieren müssen."[35]

Mathematisch wurde durch Roger Penrose und Stephen Hawkins auch der Urknall bewiesen, was rechnerisch innerhalb des aximotischen Systems korrekt ist. Die beiden Physiker beweisen, dass unser Universum eine Urknall-Singularität besaß, bei der Krümmung, Dichte und Temperatur rein rechnerisch unend-

---

34 H. Lesch und J.M. Gaßner, Urknall, Weltall und das Leben, München/Grünwald, Komplett-Media, 4. Auflage, 2017, S.33
35 ebenda, S. 45

lich waren[36]. Ich möchte jedoch diese Thematik hier nicht vertiefen, sondern die Beweiskraft der Mathematik im Verhältnis zur physikalische „Wahrheit" des Urknalls nur mit einem bekannten Zitat von Albert Einstein einordnen: „*Wo sich die Gesetze der Mathematik auf die Wirklichkeit beziehen, sind sie unsicher; und wo sie sicher sind, beziehen sie sich nicht auf die Wirklichkeit.*"

Noch fehlende Falsifizierbarkeit darf nicht von der Theoriebildung abschrecken

Angesichts der in Teil I dieses Buches vorgetragenen Unstimmigkeiten war ich nicht sehr beeindruckt von Aussagen, dass die Standardmodelle der Gravitation, des Urknalls und der Elementarkräfte mathematisch abschließend bewiesen seien. Mit dem Versuch der Öffnung gegenüber andersartigen Denkgewohnheiten habe ich es mir also zugemutet, mir unter anderem Aussagen der Stringtheorien anzuschauen. Als Stringtheorien werden einige hypothetische physikalische Modelle bezeichnet, die anstelle der Beschreibung von Elementarteilchen sogenannte Strings als fundamentale Objekte verwenden, um quantenphysikalische und auch kosmologische Phänomene zu erklären. Diese könnten eine Hilfe bieten, um die Physik des Kosmos und die Quantenphysik stimmiger und umfassender zu interpretieren und auch zusammenzuführen. Und, tatsächlich, einige zentrale Elemente der Stringtheorien haben mich so angesprochen, dass sie Quelle weitergehender eigener Überlegungen wurden, die in den folgenden Teilen dieses Buchs ausgeführt werden. Allerdings musste ich dabei das Gerüst der Stringtheorien auch wiederum umdenken und erweitern, um nicht vorzeitig in eine Sackgasse zu geraten.

---

36 https://www.wissenschaft.de/astronomie-physik/die-ewige-wiederkehr-der-zeit/

Ich spreche von „zugemutetem Anschauen", weil die Modelle der Stringtheorie bisweilen die gewohnten Denkgewohnheiten überfordern und insofern in den Bereich des „Unvorstellbaren" eintreten. Doch zumindest in einem ersten Schritt dürfen wir uns aus meiner Sicht nicht wirklich davon abschrecken lassen, wie ich etwas weiter unten erläutere.

Noch gewichtiger scheint mir ein gängiger Vorwurf gegenüber den Stringtheorien, die von manchen Forschern als unwissenschaftlich angesehen werden, weil sie nicht beweis- oder widerlegbar seien. Tatsächlich gibt es derzeit keine Technologie und kein Experiment, mit denen sich diese hypothetischen Strings nachweisen lassen könnten[37].

Aus meiner Sicht kann die derzeit fehlende Falsifizierbarkeit jeoch kein Argument sein, sich von stringtheoretischen Überlegungen vorzeitig fernzuhalten. Wenn diese denn die anderen gewünschten Anforderungen an eine Theorie erfüllen (konsistente und stimmige Erklärungen zu kosmologischen und quantenphysikalischen Fragen mit Erklärungspotenzial für weitere physikalische Phänomene), dann scheint mir die frühzeitige Zurückweisung stringtheoretischer Modelle ein typischer Abwehrreflex zu sein, wie er in der Geschichte der Physik sich allzu oft wiederholt. In diesem Sinn scheint mir die Kritik an der Stringtheorie nicht förderlich, wie ich sie aus einer Publikation zum kosmologischen Standard-Verständnis herausgezogen habe (siehe Kasten S. 69 ff.).

Wären stringtheretische Überlegungen prinzipiell nicht falsifizierbar, so würde ich diesen Kredit nicht einfordern. Das scheint mir jedoch nicht der Fall: Auch wenn derzeit nicht absehbar ist, wie ein Nachweis von Strings gelingen könnte, ist eine solche Falsifizierbarkeit nicht ausgeschlossen. Es sei daran erin-

---

37 https://www.welt.de/wissenschaft/article150444890/Wenn-Wissenschaft-zum-Hirngespinst-wird.html

nert, dass auch manches angebliche physikalische Phänomen wie dunkle Materie oder Botenstoffe wie Gravitonen zulässiger Gegenstand der Standardmodelle sind, jedoch bisher nur mathematisch „bewiesen" ist – eine Falsifikation dürfte auch in diesem Gebiet schwer fallen. Vermutlich könnten Strings nur indirekt nachgewiesen werden – ein Schicksal, dass sie allerdings mit vielen Phänomenen teilen, deren zum Teil ebenfalls nur indirekter Nachweis mit derzeit enormen finanziellen Aufwand in der herrschenden physikalischen Forschung verfolgt wird.

Es ist unerheblich, ob infolgedessen das hier vorgestellte Ideengebäude zunächst „nur" als Hypothese oder – weitergehend – als Theorie zu bezeichnen wäre: Wichtig scheint es, neuen Gedankenansätzen eine Chance zu geben, auch wenn in Zukunft manche spekulative Elemente verworfen werden müssten.

Ein Beispiel: **Das Belächeln der Stringtheorie**

Sie werden es möglicherweise erahnt haben: Wenn in der Beschreibung des Themas dieses Buches der Begriff „integratives kosmologisches Modell" auftaucht, dann nutzt der Autor vermutlich auch stringtheoretische Überlegungen innerhalb seines Gedankengebäudes. Ja, ich werde Elemente der Stringtheorie benötigen. An dieser Stelle soll gezeigt werden, auf welche recht einseitigen Abwehrreaktionen die Anwendung der Stringtheorie für ein integrierendes Modell in einer traditionellen „Kosmologie-Wissenschaftler-Szene" stoßen kann, wenn Tradition als Ausgrenzung unüblicher Denkgewohnheiten verstanden wird. Dazu nutze ich einige Zitate aus einer Publikation von Lesch und Gaßner (2017). Dort werden eine Reihe von Argumenten zur Abschreckung von der Stringtheorie geliefert:

- „Strings … und andere wilde Geschichten" stimmt uns bereits in der Überschrift auf den vermeintlich exotischen Charakter der Stringtheorie ein (Seite 390).

- Wiederholt wird betont, dass es sich zwar um eine sehr schöne Theorie handele, dass jedoch die erforderliche, experimentelle Bestätigung fehle. Die „idealistischen Hoffnungen von ‚Theoriengebern'" (S. 37) werden belächelt. Das Ende der Stringtheorie wird vorweggenommen: „Für mich sind alle diese Theorien Papiertiger, die früher oder später im Feuer des Experiments verbrennen werden", schreibt Lesch (S. 393), ohne zu erwähnen, dass auch zentrale Grundlagen der gängigen Theorien zur Kosmologie in der Regel nicht durch das Feuer eines Experiments gegangen sind, als Setzungen nicht gehen konnten oder aus dem Feuer nicht unversehrt wieder entstiegen sind.

- Lesch und Gaßner unterstellen den Vertretern der String-Theorie die Sichtweise eines theoretischen Physikers, der offenbar die Grundprinzipen wissenschaftlicher Arbeit gründlich missverstanden habe: „Ich lasse mir doch die Physik nicht durch die Fakten kaputtmachen" (S. 37), wohlwissend, dass wirkliche „Fakten", die von alternativen Wahrheiten zu unterscheiden sind, und wirkliche experimentelle Belege von jedem ernstzunehmenden Wissenschaftler, auch theoretischen Physikern, im Zweifel immer Vorfahrt vor dem starren Festhalten an einer Theorie haben werden.

- Sowohl in der Stringtheorie wie in der klassischen Kosmologie und Quantenphysik sind bedauerlicherweise (zumindest bislang) bestimmte „Teilchen" (wie Quarks und deren physikalische Charakteristik) nur der Theorie und nicht dem Experiment zugänglich. Das gibt in beiden Fällen Platz für Zweifel und Platz dafür, die „besseren", also

> „stimmigeren" Theorien Ernst zu nehmen, wenn keine Fakten entgegenstehen. Eine solche Offenheit scheint mir nicht gegeben, wenn gegenüber der Stringtheorie mit großer Reserviertheit und in gewisser Ironie zugestanden wird: „In 100 Jahren … wird man in jedem Falle stark beeindruckt sein. Entweder davon, wie genial die Prognose … war, oder davon, wie hartnäckig sich völlig abstruse Ideen in der Wissenschaft halten können." (S. 394).
>
> - Tatsächlich gibt es sehr viele Varianten der Stringtheorie. Mängel einiger dieser Varianten werden herausgegriffen, um zu generalisieren: „Die Stringtheorie verspricht seit Jahren sehr viel und hält nichts" (S. 394). Dass möglicherweise weder punktförmige Elementarteilchen existieren noch Strings einer eindimensionalen Länge, wäre eine solche Variante, die von Kosmologen, die nur die Standard-Theorien gelten lassen, nicht weiterverfolgt wird, weil zum Beispiel bei Lesch und Gaßner der Kredit in neue Überlegungen und die Geduld fehlen, innerhalb des Rahmens der Stringtheorien weiter zu forschen und die Ansätze zu verfeinern.
>
> Ich betrachte das Belächeln der Stringtheorien als eine der Fallen, die die Entwicklung integrativer und stimmigerer kosmologischer Modelle behindern und die dazu führen, sich unbeirrt in der gewohnten Sackgasse zu Hause zu fühlen.

Begrenztes menschliches Vorstellungsvermögen

Wie sollte es möglich sein, dass wir als Menschen unseren Kosmos umfassend verstehen können, in den wir als Kreatur hineingeboren sind? Eine solche Erwartung wäre an Hybris kaum zu überbieten. Bereits die von Menschen entwickelten Modelle zu Kosmologie und Quantenphysik sind nicht nur für physikalische Laien kaum empirisch nachvollziehbar. Dies gilt unter anderem für wesentliche Elemente der allgemeinen und auch speziellen Relativitätstheorie, für das tiefere Verständnis von virtuellen Teilchen, für Modelle zum Urknall oder auch etwa für Schwarze Löcher. Für die meisten unter uns bleiben die Aussagen der Physik dazu im Bereich des Erahnens, des Glaubens oder sind partiell zugänglich, sofern wir zumindest die zugehörige Mathematik nachrechnen können.

Dies wird auch bei neuen Denkansätzen nicht anders sein: Für die in diesem Buch vertretenen Vorstellungen einer „Hyperkugel" als vierdimensionales Omniversum oder die bereits erwähnte modifizierte Stringtheorie als Baustein im Kleinen und Großen fehlt uns der empirische Zugang. Die menschliche Erfahrungswelt ist dreidimensional. Die Vorstellung, dass ein Felsbrocken oder sonstige Materie sich auch als Welle interpretieren lassen, ist eine Beschreibung, die unserer Empirie nur sehr begrenzt zugänglich sind.

Ich werde mich dennoch bemühen, mit Bildern und Vergleichen ein gewisses Maß an Anschaulichkeit für diese Überlegungen zum Unfassbaren herzustellen, wissend, dass alle solche Vergleiche immer etwas „schief" seien müssen, weil sie zwangsläufig unserer begrenzten Erfahrungswelt entstammen. Informationen, die wir aus einer nicht erfahrenen Welt erhalten, werden beim Rezipienten schnell wieder über Vergleiche mit der Erfahrungswelt gefiltert, uminterpretiert und über Reduktion „passend gemacht".

Wir wenden die Bilder und Vergleiche auf etwas an, was sich unserer Wahrnehmung zumindest teilweise entzieht. Insofern gibt es auch nicht die wahre Theorie, sondern nur Interpretationen des Unfassbaren, die möglichst stimmig und nützlich sein sollten und die dann abzulösen sind, wenn andere Interpretationen sich als stimmiger und nützlicher erweisen sollten.

Allerdings ergibt sich aus der notwendigen Einsicht, dass wir uns mit Themen beschäftigen, die sich – zumindest zum Teil – unserem empirischen Zugang entziehen, kein Freibrief, unvorstellbare Elemente in eine Theorie aufzunehmen, (a) wenn diese sich im Gesamtgebäude nicht als stimmig und widerspruchsfrei zeigen, (b) wenn auch auf lange Sicht keine Möglichkeit der Falsifikation besteht, (c) wenn es sich als nicht notwendig ergibt, diesen Bereich der Unvorstellbarkeit im Rahmen einer Theorie zu betreten. Der letzte Hinweis hat auch etwas mit dem *Prinzip von „Ockham's Rasiermesser"* zu tun: Von mehreren hinreichenden möglichen Erklärungen für ein und denselben Sachverhalt ist die einfachste Theorie allen anderen vorzuziehen.

Während in der Phantasie dem emprisch nicht Fassbaren keine Grenzen gesetzt sind, soll in diesem Buch die Theorienbildung auf seine Gültigkeit in unserem Kosmos begrenzt bleiben: Ich werde zum Beispiel nicht über ein *Multiversum* sprechen, obgleich diese Grenzziehung eigentlich willkürlich ist.

Manche Dinge sind im Rahmen der Naturwissenschaften nicht beantwortbar

Um Theorien zu entwickeln, müssen Grenzen und Bedingungen für die Gültigkeit von Theorien gesetzt werden. Dies sind bestimmte Annahmen, für die keine Beweisführung und Gegenbeweisführung möglich sind, die einfach als Voraussetzungen akzeptiert sind und damit bereits implizit bestätigen, dass es nicht um die Suche nach einer absoluten Wahrheit gehen kann, sondern um Aussagen, die nur unter bestimmten fixierten Nebenbedingungen zutreffen. Solche Setzungen werden auch als Axiome bezeichnet. Keine kosmologische Theorie kommt ohne Axiome aus.

Hier ein wichtiges Beispiel: Das *kosmologische Prinzip.* Dieses Postulat, dass das Weltall isotrop und homogen sei, wurde

1933 aufgestellt[38]. Es ist grundsätzlich nicht beweisbar. Einige kosmologische Theorien würden dem kosmologischen Prinzip widersprechen und sind also deshalb keineswegs falsch. Ich unterstelle jedoch in diesem Buch die Gültigkeit des kosmologischen Prinzips, ohne dass ich belegen könnte, dass dieses Axiom der Realität entsprechen würde.

Allerdings habe ich mich bereits in Teil I dieses Buches gegen die allzu vorschnelle und umfassende Verwendung von solchen Axiomen ausgesprochen, da damit die Überprüfbarkeit einer Theorie durch Setzungen begrenzt wird, was schließlich diese Theorie dann unbefriedigend erscheinen ließe.

Oder die Gültigkeit der Naturgesetze: Ich unterstelle, dass diese z. B. auch im Urknall und danach gegolten haben. Beweisbar ist das nicht. Wir wissen nicht, was zuerst da war: Das Universum oder die Naturgesetze, die es regulieren[39]. Wenn ich die Gültigkeit der Naturgesetze ohne Anfang und Ende als gegeben voraussetze, stößt diese Setzung bereits in der Beschreibung der Inflationstheorie in Folge des Urknalls mit den uns bekannten Naturgesetzen auf ihre Grenzen.

Es ist also wichtig, auch offen zu legen, wo prinzipiell keine abschließenden Antworten gegeben werden können. Dennoch sind natürlich philosophische Spekulationen ins Reich des nicht Beantwortbaren legitim. Es dient aber auch einer bescheidenen Grundhaltung, wenn wir zugeben, dass wichtige Fragen wohl für immer unlösbar sein werden. Insofern mag die Einsicht, dass so etwas wie ein „Schöpfungsakt" bei allen – aber auch wirklich allen – Modellen zur Erklärung des Universums unvermeidlich ist, hilfreich sein.

---

38 https://www.wort-und-wissen.org/artikel/die-anwendung-des-wissenschaftstheoretischen-ansatzes-der-systematisierung-von-axiomen-systemen/

39 http://www.kurtbangert.de/downloads/2_7_Vor_dem_Urknall_und_jenseits_des_Universums.pdf

Stephen Hawkings gab sich große Mühe, einen Schöpfergott aus allen kosmologischen Überlegungen heraus zu halten. Lassen Sie mich die vorliegende Überlegung also bitte anders formulieren: Unsere Physik baut auf dem Satz auf „von Nichts kommt Nichts" – zumindest, was Materie angeht. Da aber ein materielles Universum zweifellos existiert (sonst gäbe es auch dieses Buch nicht), muss irgend etwas irgendwann „erschaffen" worden sein.

Vielleicht vor unvorstellbar langen Zeiten, vielleicht nur ein Uratom oder ein wenig Vakuum-Energie – irgendetwas zu irgendeiner Zeit muss initiiert worden sein, das den Sprung vom Nichts zu etwas Existierendem darstellt. Wir können nicht anders denken, soll das gesamte Gebäude der Physik nicht zusammenbrechen.

Ich gebe zu: Diese Feststellung ist weder neu noch gehört sie zur eigentlichen Physik (wohl aber zu den Randbedingungen, die ich in diesem Abschnitt bedenken möchte). Anstatt diesen Fakt aber auszuklammern, sollten wir die Konsequenz daraus ziehen: Jede Theorie des Universums muss unvermeidlich eine *prima causa* enthalten, die sich der physikalischen Erklärung entzieht. Dies gilt es zu akzeptieren.

Teil III:
Schlüsselprinzipien eines integrierten Modells

Die Neugier auf veränderte Denkansätze führte mich dazu, mich mit drei Themen auseinanderzusetzen, die in diesem Teil III des Buchs kurz beschrieben werden sollen:

- der vierdimensionale Raum
- eine modifizierte Stringtheorie
- Emergenzphänomene.

Insbesondere die ersten beiden Themen berühren Vorstellungen der Physik, die unserem menschlichen Vorstellungsvermögen nur begrenzt zugänglich sind und erfordern deshalb einführende Erläuterungen. Alles drei sind Schlüsselprinzipien eines integrierenden Modells, das in Teil IV näher zu beschreiben sein wird.

Der mehrdimensionale Raum

Wie wäre es, wenn unser Weltall nicht, wie unwillkürlich vermutet, dreidimensional, sondern etwa als vierdimensionaler Raum (4-D-Raum) existieren würde? Dann wäre auch natürlich auch der Existenzbereich eines Atom ein 4-D-Raum. Vierdimensional statt dreidimensional?

Bereits hier möchte ich nochmals auf eine Anmerkung aus Teil II zurückgreifen: Ich weiß nicht, ob der Weltraum „wirklich" dreidimensional, vierdimensional oder n-dimensional IST, ich möchte aber prüfen, ob eine vierdimensionale Beschreibung ein nützliches und konsistentes Beschreibungsmodell für die Physik im Großen und Kleinen liefert.

Die Vorstellung ist nicht neu und wird in verschiedenen kosmologischen Theorien beschrieben, unter anderem mit Einsteins vierdimensionaler Raumzeit. Auch die gängigen Stringtheorien gehen von einer Vieldimensionalität aus (nächster Abschnitt). Allerdings möchte ich im Folgenden die Vierdimensionalität des Raums etwas abweichend als bei Einstein's Raumzeit interpretieren und muss mich deshalb zunächst nochmals mit den geometrischen Vorstellungen eines vierdimensionalen Raums beschäftigen. Das geschieht am einfachsten, indem ich dies nicht auf der Ebene der Quantenphysik verdeutliche, sondern tatsächlich im Weltraum.

Geometrie des Weltalls: Das Omniversum als Hyperkugel

Zur Beschreibung des Weltalls in einem vierdimensionalen Raum benötige ich, in Abgrenzung der dreidimensionalen Kugel, einen veränderten Begriff, wie er aus der Mathematik und in einigen kosmologischen Theorien gängig ist: Die Hyperkugel.

Die mathematische Beschreibung eines Raums erfolgt über die Dimensionen des Beschreibungssystems, beim vierdimensionen Raum (4-D-Raum) also über Dimensionen x,y,z, und w, so dass jedem Punkt im 4-D-Raum ein Wert (x',y',z',w') zugeordnet werden kann. Das Weltall wird in diesem Beschreibungssystem als 4-dimensionale *Hyperkugel* charakterisiert. Die Komponenten x,y,z entsprechen den Dimensionen Länge, Breite, Tiefe im dreidimensionalen Raum. Die Komponente w ist radial bezüglich der Hyperkugel festgelegt.

Ferner führe ich den Terminus der *Hypersphäre* ein: Dazu betrachtet man die Menge aller Punkte (x_i,y_j,z_k,w^*) im 4-D-Raum, die von einem festen Punkt M gleiche Entfernung w^* haben. Diese Menge aller Punkte sei Hypersphäre genannt. Sie wird durch den Radius (w*) bestimmt. Die Hypersphäre teilt den 4-D-Raum in einen inneren Raum der Hyperkugel und einen äußeren ein.

Unser *Universum* bildet in diesem Modell die Hypersphäre, welches als *Hyper-Oberfläche* dreidimensional ist. Inneres der Hyperkugel und Sphäre bilden zusammen das ab, was ich in diesem Buch als *Omniversum* bezeichne und mit dem Begriff Weltall gleichsetze (weil „omni" = alles umfassend bedeutet, auch wenn wir 3-D-Wesen dies nicht sehen können). Die Expansion der Hyperkugel erfolgt radial (Dimension w) nach „außen". Im Universum bedeutet dies eine dreidimensional-beschreibbare Hubble-Expansion.

Ich kann die Erd*oberfläche* recht gut mit 2 Dimensionen (Landkarte) beschreiben, aber für die Erd*kugel* sind eigentlich doch 3 Dimensionen nötig, ein Globus also. Mit unserem Weltall ist es exakt genau so: Die 3-D-Oberfläche der Hyperkugel nennen wir unser Universum, die 4-D-Hyperkugel selbst das Omniversum.

Dann kann auch der „gekrümmte Raum" nach Einsteins Allgemeiner Relativitätstheorie eingeordnet werden:

Für eine Geometrie, die *Orte* beschreibt, benötige ich

- null Dimensionen für einen Punkt
- eine Dimension für eine Linie
- zwei Dimensionen für eine (ebene) Fläche
- drei Dimensionen für einen Raum
- vier Dimensionen für einen gekrümmten Raum.

Um ein *Ereignis* zu beschreiben, muss ich offensichtlich einen weiteren Maßstab mit dazu nehmen: Die Zeit. Nach Einstein sind dies vier Raumzeitdimensionen, während ich hier vier Raumdimensionen und eine zusätzlich Zeitdimension vorsehe, wie eng auch immer jede Raumdimension funktional mit der Zeitfunktion verknüpft sein mag.

Luftballonmodell mit Geldmünzen

Aus meiner Sicht lässt sich das 4-D-Modell, wie ich es für das Omniversum vorschlagen möchte, durch das Ballon-Modell des britischen Astrophysikers Arthur Stanley Eddington verdeutlichen, auch wenn auch diese Veranschaulichung als 3-D-Bild stellvertretend für einen 4-D-Raum zwangsläufig zu kurz greifen muss.

Ein Luftballon sei mit vielen Geldmünzen beklebt, die jeweils Galaxien darstellen. Nun bläst jemand den Luftballon auf. Es erfolgt eine radiale Expansion (Vergrößerung der Luftballonoberfläche durch die nach außen drückende Luftbefüllung). Diese radiale Expansion vergrößert den Abstand der Ballonhaut zum Ballonmittelpunkt (Hypersphäre) entsprechend der vierten Dimension w in einer 4-D-Betrachtung. Zugleich vergrößert sich der Abstand zwischen den auf die Ballonhaut aufgeklebten Geldmünzen, während die Geldmünzen in ihrer Größe unverändert bleiben: Die Abstände zwischen den Galaxien dehnen sich aus, während innerhalb der Galaxien diese Abstände konstant bleiben. Da die Ballonhaut im 3-D-Raum Oberfläche ist, im 4-D-Raum des Omniversums jedoch 3-dimensional, erfolgt auch diese Expansion auf der Ballonhaut im vierdimensionalen Raum dreidimenional: Es ist die Hubble-Expansion. Ich wähle eine 1-Cent-Münze als Erde: Alle Galaxien entfernen sich beim Aufblasen von der Erde, und zwar umso schneller, je weiter sie von der Erde entfernt sind.

Ähnlich wie mit dem bekannten Rosinen-Teig-Modell (wie ich es in Teil I erwähnt habe), kann dieses Luftballonmodell mit Geldmünzen zur Veranschaulichung der Expansion des Weltalls genutzt werden und ich werde in Teil IV darauf zurückkommen,

um in Verbindung mit der Diskussion zum (modifizierten) Urknall die Vierdimensionalität als Schlüsselprinzip zu berücksichtigen.

Wie jedes Modell, so hat auch das Ballon-Modell seine
Schwächen: Unter anderem müssen wir unser Vorstellungsver-
mögen stapazieren, in der zweidimensional gekrümmten Bal-
lon-Oberfläche die ebenso gekrümmte 3-D-Oberfläche einer
Hyperkugel zu sehen. Wie eine Landkarte der Erde, wo kein
Globus zur Verfügung steht.

Bei unserem Versuch, uns einen vierdimensionalen Raum
vorzustellen, fallen wir wohl meistens automatisch in unser drei-
dimensionales Vorstellungsvermögen zurück. Nehmen wir zum
Beispiel das Bild des Luftballons: Dann wird die vierte Dimension in unserer Vorstellung zu einer Verlängerung einer Raum-
achse der dritten Dimension: Also „innen" in der Hyperkugel in
unserer Vorstellung. Hyperkugeln werden fälschlicherweise nur
zur großen Kugel (Omniversum), die in der Oberfläche viele
kleine Kugeln (Geldmünzen) enthält, die zusammen das Universum ausmachen. So ein wenig wie die Kronen auf dem Corona-
Virus. Die Hyperkugel wird so in der Vorstellung zum 3D-
Raumobjekt verfälscht, das eine zeitliche Verschiebung und
Vergrößerung erfährt. Die Vier-Dimensionalität kann also nicht
graphisch dargestellt werden ohne erhebliche Gefahr der Fehlinterpretation, auch nicht mit dem Luftballonbild. Dennoch
kann das Luftballonbild eine Beschreibungshilfe sein, so wie die
Wellenbeschreibung auch nur eine – zu kurz greifende, aber
hilfreiche – Beschreibung von der Frage ist: Was ist Licht?

Modifizierte Stringtheorie

Ein weiteres Schlüsselprinzip eines integrierenden Modells neben der dort benötigten vierdimensionalen Raumbeschreibung baut auf den Stringtheorien auf. Tatsächlich benötigen Stringtheorien mehrdimensionale Raumcharakterisierungen. In Teil I habe ich nach dem physikalischen Substrat des Äthers gefragt: Strings könnten eben dieses Substrat darstellen. Auch Materie könnte statt aus den klassischen Elementarteilchen der Quantenphysik aus Strings bestehen. Es geht mir also um eine Beschreibung physikalischer Objekte mit Hilfe dieser Strings. Mit dem Stichwort „Stringtheorie" möchte ich hier nicht in eine mathematische Modellierung eintreten, wenngleich eine solche Umsetzung in der weiteren Entwicklung des Modells erforderlich sein wird.

Als Stringtheorie bezeichnet man verschiedene ähnliche hypothetische physikalische Modelle, die *anstelle* der Beschreibung von Elementarteilchen in den gewohnten Modellen der Quantenmechanik und Quantenfeldtheorie sogenannte Strings (also englisch Fäden oder Saiten) als fundamentale Objekte verwenden. Während die Quantenmechanik punktförmige Teilchen (räumliche Dimension Null) im Raum (oder in der Raum-Zeit) annimmt, haben Strings in vielen Ansätzen der Stringtheorie eine eindimensionale (1-dimensionale) räumliche Ausdehnung. Je nach Schwingungsmodus eines Strings manifestieren sich diese Strings als unterschiedliche Elementarteilchen, beispielsweise einem Photon, einem Elektron oder einem der sechs bekannten Quarks. Die String-Theorie gilt als Ansatz für eine vereinheitlichende Theorie, die das Standardmodell der Elementarteilchenphysik und die Gravitation miteinander verbindet.

Ich schlage in diesem Buch eine von den Standardansätzen leicht abweichende Charakterisierung der Strings vor, wobei die Gemeinsamkeit besteht, dass auch die modifizierte Stringtheorie als integrierendes Prinzip bei der Erklärung von makrophysikalischen Prozessen (Entstehung und Entwicklung des Weltalls und Gravitation im Weltall) und quantenphysikalischen Phänomenen im subatomaren Bereich angesehen wird.

Unterschiede beziehen sich im Wesentlichen auf folgende Charakteristika dieser hier vorgestellten modifizierten String-Theorie:

- Ein String im hier modifizierten Modell ist kein 1-dimensionales, sondern ein 4-dimensionales Objekt mit einem Schwingungsverhalten in bis zu 8 Raumrichtungen und 1 Zeitdimension. Statt mindestens 12 Dimensionen in den meisten stringtheoretischen Ansätzen werden hier nur 9 Dimensionen benötigt. Bei dieser Terminologie ist zu beachten, dass die vier Raumdimensionen (Länge, Breite, Tiefe des 3-D-Raums und die zusätzliche radiale Dimension des 4-D-Raums) in dieser Beschreibung je unterteilt sind in die Raumrichtungen vor, zurück, links, rechts, oben, unten und mit oder gegen die Ausdehnungsrichtung) und terminologisch sich so acht Raumrichtungen oder auch Raumdimensionen ergeben plus 1 Zeitdimension.

- Die mit der Stringtheorie verknüpfbaren physikalischen Eigenschaften können genutzt werden, um einen String-Äther zu postulieren und um Materie als Manifestation des String-Äthers zu interpretieren und um das Vakuum auch physikalisch im Sinne der Stringtheorie einzuordnen.

- Die mit der Stringtheorie verknüpfbaren physikalischen Eigenschaften werden mit dem Prinzip der *Emergenz* (siehe unten) verknüpft.

- Ein wesentlicher, wenn nicht gar der entscheidende Schritt zu der hier vorgeschlagenen Reformation der Stringtheorien ist es somit, statt der Betrachtung der Schwingungszustände einzelner Strings eine Beschreibung der Schwingungsmuster eines räumlich ausgedehnten String-*Kollektivs* zum Mittelpunkt der Theorie zu machen.

Ich bin mir bei der Erläuterung dieses stringtheoretischen Ansatzes bewusst,

- dass es sich hier zunächst „nur" um eine Theorie handelt, die eine schlüssige, integrative und physikalisch interpretierbare kosmologische Einordnung auf quantenphysikalischer wie auf makroskopischer Ebene ermöglicht. Freilich stehen entsprechende Bestätigungen aus und es ist derzeit nicht auszuschließen, dass diese Theorie widerlegt werden kann oder zu modifizieren ist;
- dass diese Interpretationen, je isoliert betrachtet, nicht aus dem kreativen Nichts geboren sind, sondern teilweise auf verschiedenen einzelnen Ideen und theoretischen Überlegungen in der modernen kosmologischen Literatur zur Stringtheorie und darüber hinaus fußen, die jedoch hier in einem Gesamtgebäude neu verknüpft werden;
- dass der so interpretierte stringtheoretische Ansatz auch mathematisch einer schlüssigen Darstellung bedarf, die in diesem skizzenhaften Gedankenkonzept noch nicht erfolgt ist.

Im Folgenden möchte ich die zentralen Elemente dieses (modifizierten) stringtheoretischen Ansatzes im Einzelnen darstellen und erläutern.

Wie sieht ein String aus?

Die naheliegende Frage: „Was IST ein String?" muss ich leider ähnlich achselzuckend zurückweisen wie die Frage: Was IST eine Rose (Teil II und Prolog)? Aber ich werde mich bemühen, eine möglichst konsistente und nützliche Beschreibung von den

Objekten vorzunehmen, die in diesem Buch als Strings bezeichnet werden.

Um das Ergebnis vorweg zu nehmen: Die einfache Frage, wie ein String aussieht, hat keine einfache Antwort. Wir wissen es nicht oder zumindest noch nicht! Die verschiedenen Stringtheorien sind in diesem Punkt unklar bzw. widersprüchlich.

Gehen wir vom Namen aus, dann ist „String" einfach nur ein Fädchen. Über die Länge dieser Fädchen wird vermutet, die abgewickelte Länge einer String-Schleife läge z.B. in der Größenordnung der Planck-Länge. Offensichtlich gibt es nach diesen Vorstellungen Strings mit losen Enden, also gerade Fädchen und Strings, die einen Kreis, eine Schleife bilden und somit keine losen Enden haben. Außerdem scheint es verschiedene Längen zu geben. Es wird aber auch von Strings gesprochen, die „über den ganzen Himmel reichen", also vielleicht tausende von Kilometern lang sind. Die Länge ist unklar, nur dürfte es wohl kaum eine Chance geben, einen einzelnen String jemals unter einem Super-Mikroskop zu sehen, denn hierfür die Planck-Länge viel zu klein. Wären Strings tatsächlich eindimensionale Objekte, dann wären sie auch, abgesehen von der Größe, grundsätzlich wegen der 1-Dimensionalität nicht sichtbar.

Frühe String-Theorien starteten mit einem String-Durchmesser von Null, einem eindimensionalen Faden. Spätere Stringtheorien lassen auch 2- oder 3-dimensionale Fädchen zu[40].

Das „Aussehen" des Strings hängt also eng mit der zugeordneten Dimensionalität der Fäden zusammen.

Wir unterscheiden die Anzahl der Dimensionen des Strings (klassisch: 1-dimensional) und die möglichen Schwingungsrich-

---

40 Vgl. z.B. John Ellis et al., "On the connection between Quantum Mechanics and the geometry of two-dimensional strings", ACT-45; CERN-TH.6229/91

tungen (Dimensionen des Raums). Um zu funktionieren, braucht die derzeit gängige String-Theorie mindestens 12 Schwingungsrichtungen: 11 räumliche und 1 zeitliche als Schwingungsrichtung.

Nach Brian Green („Elegantes Universum")[41] sind Strings, um die Mängel von Punkt-Teilchen zu vermeiden, also statt null-dimensional immerhin schon eindimensional. Eine der zahlreichen Stringtheorien kommt mit 10 für die Schwingungsrichtungen (plus Zeit) aus. Es zeigte sich, dass die Ursache eine zweidimensionale String-Beschreibung ist, also als Band statt als Fädchen.

1921 erweiterte Theodor Kaluza die vierdimensionale Raumzeit der Allgemeinen Relativitätstheorie (eine Zeitdimension und drei raumartige Dimensionen) durch Hinzufügen einer weiteren, vierten raumartigen Dimension auf insgesamt fünf Dimensionen. Später erweiterte Oskar Klein die Theorie von Kaluza und argumentierte, dass die vierte Raumdimension aufgerollt sei und deshalb nicht beobachtet werde. Die Kaluza-Klein-Theorie war einer der ersten Versuche zur Vereinheitlichung der fundamentalen Wechselwirkungen von Gravitation und Elektromagnetismus.[42] Seit Kaluza-Klein ist es eine beliebte Methode, für unerwünschte Dimensionen zu postulieren, dass diese zwar existieren, aber so klein „aufgerollt" seien, dass sie niemals sichtbar oder auch experimentell nachgewiesen werden könnten.

Der erläuternde Hinweis der klassischen String-Beschreibung auf einen Strohhalm oder einen Gartenschlauch, die „aus naher Entfernung" zwei zusätzliche Dimensionen offenbaren, ist ausgesprochen problematisch: Ein eindimensionales Objekt ist ein mathematisches Gebilde, das grundsätzlich eine mögliche

---

41   Brian Greene, Das elegante Universum, Siedler, Berlin, 2000
42   https://de.wikipedia.org/wiki/Kaluza-Klein-Theorie

materielle Realität nicht widergeben kann. Es ist damit nur rein mathematisches Konstrukt. Denn solche materiellen Manifestationen wären *immer* dreidimensional.

Mit den besten Mikroskopen können wir Längen der Größenordnung eines Atomdurchmessers sichtbarmachen, das sind 10^{-12} cm. Die Abmessungen von Strings werden irgendwo bei 10^{-34} cm vermutet. Eine mikroskopische Erfassung der Abmessung dürfte also nicht möglich sein. Dimensionen als Beschreibungen von Schwingungsrichtungen sind ohnehin nicht sichtbar, ob groß oder klein. Solche Dimensionen können nicht „aufgerollt" sein. So verstandene Dimensionen können nicht „im Kleinen gegeben" und „im Großen nicht vorhanden" sein.

Das ist auch gar nicht nötig: Wir sind 3-D-Wesen und können zusätzliche Dimensionen ebenso wenig wahrnehmen, wie das kleine 2-D-Wesen im „Flachland" seiner Existenz die dritte Dimension wahrnehmen kann.

An sich wäre gegen eine Mathematik der 11 Raumrichtungen (frühere Konkretisierungen in der Stringtheorie) nichts einzuwenden. Es sollte jedoch ein Modell gewählt werden, dass so „einfach wie möglich" ist, wenn die zusätzlichen Dimensionen nicht unbedingt benötigt werden (Prinzip von „Ockham's Rasiermesser").

Wenn Stringtheorien mit 1-D-Strings 11 Raumrichtungen brauchen und eine Stringtheorie mit 2-D-Strings nur 10 Raumdimensionen, dann brauchen 4-D-Strings zur Beschreibung ihres Schwingungsverhaltens nur 8 Raum- und 1 Zeitdimension. Es erscheint einsichtig, dass, damit ein n-dimensionaler Körper in der (n+1)-ten Dimension vorkommt, dieser in diese weitere Dimension hinein schwingen muss: Wenn ein dreidimensionaler Körper in die vierte Dimension hineinschwingen soll, sollte ich von vier Raumdimensionen ausgehen. Die Beschreibung mit 8 Raumdimensionen wird sich als hilfreich erweisen, ist jedoch nicht bewiesen: Wie ich die Raumdimensionen mit 3, 4 oder n-

Dimensionen beschreibe, ist eine Frage der Zweckmäßigkeit, also meine Wahl, nicht notwendigerweise tatsächlich Eigenschaft des Raumes.

Entsprechend den Raumrichtungen, in die sich ein 4-D-Körper können wir untergliedern: – rechts, links – oben, unten – vorwärts, rückwärts und, im Fall des expandierenden Universums, mit und gegen die Ausdehnungsrichtung. Das sind nun aber genau 8 Richtungen, d. h. 8 Dimensionen, wenn wir nicht der üblichen geometrisch-mathematischen Setzung folgen, +/– x und +/– y und +/– z und +/– w als jeweils *eine* (1) Dimension zu bezeichnen.

Das kann am Beispiel der x-Dimension (links/rechts) erläutert werden: Wenn statt einer x-Dimension eine x-links und eine x-rechts Dimension Verwendung findet, wird die Anzahl der „erfahrbaren" Dimensionen verdoppelt und eine Chance, die Schwingungen eines neuerdings 4-D-definierten Strings zu beschreiben, ohne „eingerollte" Zusatz-Dimensionen postulieren zu müssen.

Aber vielleicht muss es nicht so sein; wie ein String wirklich aussieht, kann an dieser Stelle nicht abschließend angegeben werden. Jedoch: Die gewählte Beschreibungsweise ist durchaus sinnvoll (wie hier nur beispielhaft angedeutet):

(1) Es gibt in der Natur sehr eigenartige, sehr durchgreifende Unterscheidungen zwischen Strukturen, die identisch sind, abgesehen von ihrer Links- oder Rechtsstruktur. Ein Beispiel dafür sind die Enantiomere der Milchsäure, die es in links- oder rechtsdrehenden Varianten gibt, mit jeweils divergenten biologischen Wirkungen.

(2) In der gegenwärtigen Form ist die sogenannte Lorenz-Transformation **nicht** invariant gegen eine Systemvertauschung. Definiere ich statt eines Beschreibungssystems in Richtung der x-Achse zwei Betrachtungsmittel, nämlich ein

x-rechts und ein x-links-System, dann wird eine Invarianz gewonnen, was dann zur geforderten „Inversions-invariante Lorenz-Transformation" führt[43].

Nach den Ausführungen im letzten Abschnittt („Der mehrdimensionale Raum") ist es vorteilhaft, den Raum, in welchen hinein sich das erfahrbare, 3-D-Universum ausdehnt, für die Beschreibung kosmologischer Gegebenheiten zu nutzen. Nehmen wir also die Expansion des Universums hinzu und denken uns (zur Anschaulichkeit sehr vereinfacht) ein 3-D-Teilchen, das sich mit hoher Geschwindigkeit in w-Richtung bewegt: Dem trägen Auge des Beschauers im 4-D-Raum würde sich das Bild von einem Strich, von einem Faden in w-Richtung bieten. Einem realen, mitbewegten Beobachter im 3-D-Raum würde allerdings nur die Schnittmenge mit einer Oberfläche einer Hyperkugel, also ein 3-D-Gebilde, erkennbar sein. Für ihn ist der String ein 3-D-Teilchen, beispielsweise mit dem Planck-Volumen. In 4 Dimensionen betrachtet und ohne die Zeit hinzu zu nehmen, ist dieses Teilchen „in Wirklichkeit" ein quasi unendlich langes Gebilde, stellen wir es uns hier ruhig fadenförmig, also als String, vor.

Worunter alle bisherigen Beschreibungen über die Bewegung von Strings im Raum (oder „in der Raumzeit") kranken, ist die ungenaue Beantwortung der Frage, wie die Strings den Raum ausfüllen oder eben nicht ausfüllen. Nach meinem Verständnis sind Strings raumfüllend. Es gibt also keinen Zwischenraum zwischen den Strings, der etwa mit „Nichts" oder einem ponderablen Medium gefüllt wäre. Auf die vertiefenden Fragen, wie denn nun die Physik in einem String-Äther aussehen könnte, gehe ich in Teil IV („Ein neuer Äther") ein.

---

43 (vgl. differenzierter in Appendix zu Sallhofer/Radharose „Hier irrte Einstein" ; S. 157 „Der Symmetriemakel der Speziellen Relativitätstheorie").

Vorteile der modifizierten String-Theorie

Die so „reformierte" Stringtheorie erweist sich als vorteilhaft

(1) Bei den gegenwärtigen Stringtheorien wird eine (sogar extrem hohe) *Spannung* von fadenförmigen Strings einfach als vorhanden postuliert – diese Setzung bleibt aber unanschaulich, weil nicht ersichtlich ist, wie sie ohne Fixierung der Strings-Enden aufgebaut wird. Dies ist, wiederum nur anschaulich gesprochen, bei einem genügend langen String kein Problem mehr. Durch seine große Länge (also: Durch seine Bewegung in w-Richtung) wird ein solcher String, wie mir scheint, überhaupt erst zum schwingungsfähigen Gebilde. Ein Raumquant mit 3 Planck-Abmessungen scheint mir allenfalls, analog einem Atom im Kristall, als Gesamtheit um seinen mittleren Aufenthaltsort herum Schwingungen vollführen zu können. Die Schwingung einer Geigensaite (das Grundmodell der Stringtheorie) braucht eine Länge (mindestens von einer Wellenlänge) – und es braucht eine „Spannung". Ein loser Schnürsenkel ist ein String, aber nicht schwingungsfähig. Wenn Längen unterhalb der Planck-Länge keinen Sinn ergeben, also quasi für die Beschreibung nicht zulässig sind, dann *kann* ein Raumquant mit Planck-Volumen definitionsgemäß gar keine wellenförmigen Schwingungen innerhalb der eigenen geometrischen Struktur ausführen.

(2) Die Längsrichtung der Strings (w-Richtung) definiert erstmals eine Vorzugsrichtung im Raum. Diese Richtung ist für uns, innerhalb unseres 3-D-Erlebnisraums, nicht zugreifbar, ebenso wie ein Bewohner von „Flachland" nicht angeben könnte, in welche Richtung die dritte Dimension verläuft, wo „oben" und „unten" ist. Für die Konstruktion eines beschreibenden Modells ist das Postulat einer derartigen Vorzugsrichtung sicherlich von größter Bedeutung. Im Bild ge-

sprochen: Wenn sich Strings ungeordnet im Raum befinden wie Fadennudeln in der Suppe, fallen die Gesetzmäßigkeiten, die ich aus diesem Bild bildimmanent ableiten kann, ganz anders aus als bei einem kristallartig aus „kubischen Raumquanten", oder, wie hier vorgeschlagen wird, aus String-Fäden, die in w-Richtung eine unendliche Länge besitzen[44].

(3) 4-D-Strings vermeiden die Notwendigkeit, zusätzlich Branen zu definieren: In einer gewissen Weise wird mit der Einführung von Branen (z.B. Lisa Randall[45]) in stringtheoretischen Konzepten rückgängig gemacht, was die String-Theorien zunächst vor allen Theorien mit punktförmiger Teilchenbeschreibung auszeichnete: Strings in einem 4-D-Omniversum können dieselben Eigenschaften ohne zusätzliche Branen aufweisen; allerdings setzt dies eine Orientierung im Raum voraus.

Ist dies so, dann stellt sich allerdings die Frage ihrer Orientierung im Raum. Die 4 Raumdimensionen ihrerseits sind ja durchaus NICHT ununterscheidbar gleichwertig. Dies gilt für x,y,z, nicht aber für w, das wir in Radius-Richtung der Hyperkugel definieren. Die Erfahrung in den uns zugänglichen 3 Dimensionen wäre immer die eines Körpers der Abmessung x, y, z, wobei jede Länge durchaus die Planck-Länge betragen könnte. Ein solcher String hätte, durch seine Länge in w-Richtung, quasi eine „Einspannung" und wäre somit schwingungsfähig in der x,y,z Dimension.

---

44 Wir haben anderenorts angegeben, dass das Maß „unendlich" keine physikalische Interpretation besitzen kann. Wir nutzen den Begriff jedoch hier, um von einer „nicht begrenzenden" („großen") Länge zu sprechen, ob nun durch mehrere Strings, die ohne Lücke hintereinandergeschaltet sind, zu beschreiben oder durch 1 entsprechend längeren String, ist bisher nicht eindeutig modelliert, ist jedoch unerheblich für die hier diskutierten Zusammenhänge.

45 Lisa Randall, Verborgene Universen, Frankfurt am Main, Fischer, 2008

Fäden schwingen in die von ihnen NICHT materiell realisierte Richtung (quer zur Längendimension).

Wie in den bekannt gewordenen String-Theorien, sollen auch in dem reformierten Modell die Elementarteilchen als unterschiedliche Schwingungsmuster der Strings beschrieben werden. Welche Schwingungsformen (Modi) plausibel erscheinen, hängt natürlich ganz von unserer Beschreibung ab. Aus den gewählten Vorgaben scheinen sich sinnvoll 2 Grundprinzipien zu ergeben:

(a) dass, ebenso wie Licht nur quer zur Fortpflanzungsrichtung schwingt, jedwede Form von Schwingung der Strings sich in w-Richtung fortpflanzt, Strings jedoch nicht in w-Richtung schwingen (keine Longitudinalwellen, nur Transversalwellen). Dies gilt unabhängig davon, ob es sich um massebehaftete oder ruhemasselose Objekte (siehe b) handelt. Ich postuliere also (nicht ganz ohne Willkür), dass im Bereich von Strings (im Gegensatz zum Schall) Longitudinal-Schwingungen nicht auftreten, dass Strings nur in bis zu 6 Dimensionen (x_+/x_-, y_+/y_-, z_+/z_-) schwingen.

(b) dass Strings dabei entweder in allen 3 verbleibenden Raumrichtungen (x.y,z) schwingen – ich bezeichne sie dann als Materie bzw. als massebehaftet – oder aber die Stringschwingung erfolgt in nur 2 Dimensionen (x–y oder x–z oder y–z), wobei sich diese Art von String-Schwingung innerhalb des erlebbaren Raums senkrecht zu der Ebene ihrer Schwingung fortpflanzen „muss". In diesem Fall spreche ich von Teilchen ohne Ruhemasse.

Es ergibt sich quasi automatisch und folgerichtig aus der 3-D-Struktur des erlebbaren Raumes, der Expansion dieses Raumes und dem Postulat, dass der Raum, ebenso wie alle anderen elementaren physikalischen Größen, gequantelt ist, also im Kleinsten eine „körnige Struktur" aufweist.

Emergenz und Reduktionismus

Der amerikanische Physiker Robert B. Laughlin sieht die Kosmologie-Gemeinde nicht etwa in der Endzeit der Entdeckungen, sondern am Anfang einer neuen Sichtweise, und: „Am Ende des Reduktionismus, einer Zeit, in der die falsche Ideologie von der menschlichen Herrschaft über alle Dinge mittels mikroskopischer Ansätze durch die Ereignisse und die Vernunft hinweggefegt wird". „Damit", so Laughlin, „ist nicht gesagt, dass Gesetzmäßigkeiten im mikroskopischen Maßstab falsch seien oder keinen Zweck haben, sondern nur, dass sie in einer Vielzahl von Umständen durch die Kinder und Kindeskinder, *die höheren Ordnungsgesetze der Welt* [kursiv; KK], belanglos geworden sind."[46]

Als *Emergenz* bezeichnen wir das Auftreten von Eigenschaften einer Gesamtmenge, die bei ihren Einzelelementen nicht vorhanden sind. Beispiel hierfür ist die Festigkeit eines Körpers, die nicht sinnvoll einem einzelnen Atom/Molekül zugeschrieben werden kann. Emergenz setzt mithin voraus, dass sich die betrachtete Gesamtmenge (z. B. ein Elektron) aus einzelnen Elementen (im Beispiel: Aus schwingenden Strings) zusammensetzt. Dabei ist eine emergente Eigenschaft (z. B. die elektrische Ladung) nicht summativ, d. h. nicht den Einzelelementen (Strings) eigen, auch nicht in geringer Quantität.

Unter *Reduktionismus* verstehen wir das Bestreben, sämtliche Eigenschaften der Gesamtmenge aus den Eigenschaften der konstituierenden Einzelelemente ableiten zu wollen. Beispielsweise ordnet man den Quarks in reduktionistischer Sicht einen Spin von $^1/_3$ bzw. $^2/_3$ zu, was nicht zutreffend zu sein braucht, wenn der Spin eine emergente Eigenschaft des klassischen Elementarteilchens (z. B. des Proton) ist.

---

46 Robert B. Laughlin, Abschied von der Weltformel, München, Piper, 2005, Seite 321, Taschenbuchedition (2009)

Sicher sollte man Reduktionismus nicht als Denkfehler bezeichnen, aber „Reduktionismus ist die Überzeugung, die Dinge würden zwangsläufig klar, wenn man sie in immer kleinere Bestandteile zerlegt"[47], was nicht immer der Fall ist. Man zerlegt also einen kleinen Materie-Würfel in seine Moleküle, diese in Atome, diese in Kerne und Elektronen, die Kerne in Protonen und Neutronen, diese in Quarks, die Quarks dann vielleicht auch noch in schwingende Strings und erwartet dabei, dass sich die Eigenschaften des jeweils komplexeren Systems in seinen Teilungsprodukten/-bestandteilen wiederfinden und so leichter verstehen lassen.

Das muß nun aber ganz und gar nicht so sein; es beruht auf einer unklaren Vorstellung, was „atomos" (deutsch unteilbar) bedeutet. Beispiel: Wenn ich einen Materiewürfel in immer kleinere Teile zerlege, gehen irgendwann die Eigenschaften „Festigkeit" oder „Elastizität" oder „thermische Ausdehnung" verloren, lange bevor das Teilungsprodukt die Größe eines einzelnen Atoms erreicht hat. Streng genommen müssten wir also jeweils angeben, bezüglich welcher Eigenschaft das zu teilende Produkt „atomos", also unteilbar ist.

Die makroskopische Welt erklärt sich nicht ohne Hinzunahme der Emergenz. Sie erklärt sich nicht aus der vollständigen Kenntnis aller quanten-relevanten Gesetzmäßigkeiten. Einmal abgesehen davon, dass die Quanten die unangenehme Eigenschaft haben, nicht festen Gesetzmäßigkeiten sondern „lockeren Wahrscheinlichkeiten" zu folgen.

Die Frage, welche Eigenschaft sich als emergent und welche als reduktionistisch erweist, mag nicht immer einfach zu klären sein, ebenso wie die Frage, wie viele Einzelelemente „zusammenkommen" müssen, um eine emergente Eigenschaft sichtbar werden zu lassen. Sicher ist, dass der Übergang keine scharfe Grenze aufweist.

---

47 Ebenda, Seite 26

Man darf sich sicherlich auch fragen, ob neben der Emergenz von Eigenschaften bei einer Vielzahl von Elementen auch der umgekehrte Effekt existiert, nämlich der Wegfall von Einzel-Eigenschaften bei einer größeren Menge. Beispiel wäre der Wegfall von Welleneigenschaften (wie Unbestimmtheit von Ort × Impuls) von Elementarteilchen bei einer größeren Gesamtheit. Möglicherweise lässt sich dieser „Wegfall" aber auch positiv als „Emergenz von korpuskularen Eigenschaften" bei Materie beschreiben.

Emergenz hängt selbstverständlich ursächlich damit zusammen, welches Korpuskel als „atomos", d.h. nicht weiter teilbar bezeichnet wird. Beispielsweise ist die „Ladung" eines Elektrons eine fundamentale Eigenschaft, so lange ich dieses Teilchen als unteilbar ansehe. Konstruiere ich ein Teilchen-Bild, welches das Elektron als Zusammenballung von kleineren Einheiten, z.B. von Strings beschreibt, dann wird „Ladung" zur emergenten Eigenschaft. Begreift man „Ladung" nach wie vor als fundamental (nunmehr als Eigenschaft der Strings), so muss eine zusätzliche Kraft postuliert werden, die der Abstoßung gleichnamiger Ladungsanteile auf den Strings entgegenwirkt.

Es zeigt sich, dass eine „Theorie des Kleinen" ohne Berücksichtigung des Phänomens der „Emergenz" in erhebliche Schwierigkeiten gerät. Umgekehrt scheint es nicht ausgemacht, dass eine zusammengefasste Theorie des Großen UND Kleinen unmöglich ist, weil die Systeme der Natur (ebenso wie in der Technik) emergent sind, das System also Eigenschaften entwickelt, die bei der Betrachtung seiner einzelnen Komponenten nicht zu finden sind.

Ich werde diese Thematik „Strings und Emergenz" sowohl auf der quantenphysikalischen Ebene wie auf der makroskopischen Ebene (Emergenz bei Gravitation) aufgreifen. Im Sinne von Robert B. Laughlin halte ich die Gesetze „auf höherer Ordnung" für ein Schlüsselprinzip eines integrierenden kosmologischen Modells, wobei es allerdings Bereiche gibt, wo Emergenz nicht hingehört (siehe Kasten).

Wider eine inflationäre Unterstellung des Emergenz-Phänomens

(1) Das H_2 plus O_2 als H_2O so sehr andere Eigenschaften aufweist als die beiden Gase, sollte *nicht* als Beispiel für Emergenz aufgefasst werden. Hier liegen andere Gründe als lediglich die Anzahl der Konstituenten vor, die Verschiedenheit zu begründen.

(2) Auch Masse ist kein emergentes Phänomen: Schließlich ergibt sich die Gesamtmasse eines Kollektivs durch Summation seiner Komponenten.

(3) Auch das Volumen von Körpern ist keineswegs emergent. Die Abmessungen der 3 Quarks im Proton sind zwar meilenweit geringer als die des Protons, ebenso die Abmessungen eines Atoms verglichen mit dem Volumen vom Kern plus Elektronen, aber es wäre unüblich, den größeren Volumensbedarf des Atoms als Eigenschaft und diese als „emergent" zu bezeichnen.

(4) Gelegentlich ist die Rede davon, dass „Teilchen emergieren", beispielsweise Phononen in Festkörpern. Auch hier würde ich den Ausdruck „Emergenz" nicht gebrauchen, weil noch andere Ursachen außer der erhöhten Teilchenzahl des Kollektivs vorliegen.

(5) Laughlin behauptet wiederholt, Relativität sei emergent, in dem Sinn, dass sie bei kleinen Raumgrößen nicht existiert und nur „mit wachsender Größenordnung zunehmend exakter …" wird. Nach meinem Dafürhalten ist Relativität überhaupt keine „Eigenschaft", sondern eine spezielle Methode der Beschreibung; mithin wird sie vom Beobachter gewählt und emergiert nicht.

Teil IV:
Ein integrierendes Modell

Im folgenden Teil dieses Buchs möchte ich – zumindest ansatzweise – ein Modell vorstellen, dass die Physik des Kosmos und die Quantenphysik vereinen soll. Im Teil I hat sich gezeigt, dass gängige Standardmodelle Phänomene wie die Gravitation im kosmologischen Rahmen nur unbefriedigend charakterisieren und bei der Integration relevante Defizite haben. Allerdings kann in diesem Buch noch kein in allen Facetten ausdifferenziertes Theoriengebäude präsentiert werden: Das hier präsentierte Modell mag insofern zum Teil einen noch spekulativen Charakter haben und ist insbesondere im Bereich der quantenphysikalischen Ausgestaltung noch maßgeblich zu erweitern. Ich glaube, dass die vorgestellten Überlegungen einen guten Startpunkt setzen, um auf dieser Basis ein solches ausdifferenziertes Theoriengebäude zu entwickeln.

In zwei Bereichen möchte ich das integrierende Modell näher beschreiben, nämlich im (neuen) String-Äther und im modifizierten Urknall. Die Integration (Physik des Kosmos und die Quantenphysik) wäre jedoch nicht gezeigt, wenn nicht zumindest in kurzer Form zusätzlich auch die Rolle der Strings in der Quantenphysik im Rahmen meiner stringtheoretischen Überlegungen skizziert würden.

Der neue (String-)Äther

Das Weltall besteht aus Materie und Strahlung … und „dem, was dazwischen ist". Um dieses „Dazwischen" geht es in diesem Abschnitt. Lange gab es die Vorstellung, dass zwischen den Planeten und den Sonnen und zwischen den Galaxien ein Äther existiert, der dann jedoch näher beschrieben werden müsste. Isaak Newton sah sich nicht in der Lage, die Natur des Äthers näher zu beschreiben. Dass dies ein „wägbarer" Äther („ponderabel" – aus Materie bestehend) wäre, konnte durch die Michelson-Morley-Studien ausgeschlossen werden, denn dort fand man nicht den erwarteten „Ätherwind". Einstein verzichtete in seiner allgemeinen Relativitätstheorie eine Zeitlang gänzlich darauf, die Existenz eines Äthers anzunehmen und erklärte die Gravitation durch die Unterstellung eines „gekrümmten Raums", mit einer Krümmung, die durch die Schwerkraft der im Weltall befindlichen Materie bedingt sei. Dadurch schien es zunächst, als werde der Äther als Medium im Universum überhaupt nicht mehr benötigt. Stattdessen wurde das „Dazwischen" phasenweise mit einem (eigenschaftslosen) Vakuum gleichgesetzt. Schließlich stellte Einstein 1920 klar, dass ein Äther – wenn auch nicht ein ponderabler Äther – doch existieren müsse, um die Ausbreitung von elektromagnetischen Wellen, Lichtfortpflanzung und Gravitation zu ermöglichen. Eine nähere Beschreibung, wie denn dieser Äther dann *physikalisch* beschaffen sei, wurde von Einstein nicht gegeben (vgl. Teil I).

Wir beschäftigen uns im Folgenden mit dem String-Äther und der Frage, ob damit eine plausible physikalische Beschreibung der Beschaffenheit des „Dazwischen" gewonnen werden kann. Der Plausibilität würde es dienen, wenn auch andere Phänomene außer der Gravitation durch die Stringtheorie beschrieben werden könnten, z. B. auch der Aufbau der Materie und der elektromagnetischen Wellen. Das will ich versuchen. Denn in diesem Fall wäre nicht nur das „Dazwischen" durch das Modell charakterisiert, sondern es wären auch die anderen physikalischen Größen integrativ mit dem Dazwischen zusammengeführt.

Schwingungscharakteristik von Materie, Strahlung und Vakuum

In dem Modell vom neuen Äther nehmen wir an, dass das gesamte Omniversum einen Hintergrund besitzt: Den String-Äther aus (zumindest) vierdimensionalen Strings, die in acht Raumdimensionen und in die Zeitdimension hinein schwingen können.

Dazwischen gibt es keine Lücke: Vakuum, Materie und elektromagenetische Strahlung stellen je verschiedenartige Schwingungsmuster des nur lokal ausgelenkten oder lokal schwingenden String-Äther dar, ohne dass sich dieser Äther fortbewegt.

Vakuum:	manifestiert sich in nichtschwingenden Strings
Materie:	manifestiert sich in Schwingung von Strings in drei Dimensionen im x,y,z-Raum
Elektromagnetische Strahlung:	manifestiert sich Schwingung von Strings in zwei Dimensionen im x,y,z-Raum

Die Strings haben, je nach Spannungszustand der Strings im Raum, auch als nichtschwingende Strings im Vakuum eine unterschiedliche Schwingungsbereitschaft. Spannungszustand und somit Schwingungsbereitschaft werden auf andere Strings durch lokale Auslenkung („displacement") übertragen. Das Ausmaß der Übertragung könnte durch Kopplungskonstanten divergieren. Mehrere Strings können durch Resonanz gemeinsam in Schwingung geraten.

Resonanz ist ein derart starkes und universelles, allenthalben in der Natur manifestes Prinzip, dass es höchst verwunderlich wäre, würde es nicht auch bei den fundamentalen Wechselwirkungen eine wesentliche Rolle spielen. Wenn zwei Saiten einer Geige auf denselben Ton stimmen, kommt es bekanntlich zu einer derartigen Resonanz, zum Austausch von Schwingungsenergie. Die entstehende Anziehungskraft zwischen den Saiten sollte ein Optimum des Saiten-Abstands haben, nicht, weil Austauschteilchen eine Energie übertragen, sondern weil mit genau diesem Abstand der Resonanz-Mechanismus des Gesamt-Systems optimal abläuft. Es leuchtet ein, dass ein derartiges Resonanz-System nur auf sehr kurze Entfernungen (gemessen an der Wellenlänge der Resonanzfrequenz) effektiv sein wird und dass sich ein schwingendes System einer Veränderung der Geometrie widersetzen wird.

Durch Überlagerung von Feldern mit unterschiedlichem lokalen Displacement von Strings (z. B. bei zwei benachbarten Massen) ergibt sich ein Gradient der Schwingungsbereitschaft des Stringäthers zwischen den beiden Massen. Die Bewegung der Masse zueinander folgt dem Weg der höchsten Schwingungsbereitschaft des von beiden Massen beeinflussten *Stringäther-Feldes*. Da jedoch die Masse selbst schwingende Strings sind, stellt eine Bewegung von Masse auf physikalischer Ebene eine wandernde Welle durch zur dreidimensionalen Schwingung angeregten Strings dar.

Eine elektromagnetische Strahlung stellt eine Welle durch zweidimensional zur Schwingung angeregter Strings dar.

Wenn in einem Kristall Atome aus ihrer Ruhelage im Gitter ausgelenkt werden („displacement"), entsteht eine gewisse Rückstellkraft. Angenommen, aus der entgegengesetzten Raumrichtung wirkt eine zweite, auslenkende Kraft auf die Atome ein; dann befinden sie sich zwar noch am ursprünglichen Ort, jedoch in einem gewissen Spannungszustand, verursacht durch die beiden einwirkenden, gegen einander gerichteten „Auslenkungs-Kräfte". Mit anderen Worten, diese Atome weisen einen labilen Zustand, einen Zustand erhöhter Schwingungsbereitschaft auf, verursacht durch das von zwei Seiten einwirkende „displacement".

Ähnlich wie Atome im Kristall kann ich mir die Gegebenheiten bei Strings im String-Äther vorstellen. Wenn nun der Äther als String-Äther wieder eingeführt ist, Materie als Bereich schwingender Strings beschrieben wird, und Materie mit dem Äther wechselwirkt durch „displacement" von Strings, dann kann Gravitationskraft als Bewegung der Schwingung von Strings, folgend dem Gradienten größter Schwingungsbereitschaft im String-Äther, erklärt werden.

Materie wechselwirkt (statt mit „dem Raum") mit etwas physikalisch Realem, nämlich mit dem String-Äther. Durch „displacement", also Verschiebung der Position der Strings, die den Äther bilden, wird die Schwingungsbereitschaft der Strings im Äther lokal verändert. Somit ist Gravitation weder eine Kraft (Newton), noch eine Raumkrümmung (Einstein), sondern nur das Prinzip, dass die Bewegung von Materie dem Gradienten der größten Schwingungsbereitschaft von Strings im Äther folgt.

Um aber Missverständnissen zu begegnen:

(1) Ich behaupte nicht, statt der Einstein'schen Expansion des Raumes würde nunmehr der Äther expandieren. Bei einer kreisförmig sich vergrößernden Wasserwelle expandiert weder der Raum noch das Wasser, sondern nur der Existenzbereich von schwingenden Wassermolekülen.

(2) Bei Einstein krümmt Materie „den Raum", den man sich in seinen späteren Arbeiten als Äther, ausgestattet mit physikalischen Qualitäten, vorstellen muss; Über diese physikalische Qualität führt bei Einstein Materie zur Krümmung des Äthers. Ein schwieriges Bild, ohne eine physikalische Be-

schreibung, auf welche Weise hier Kräfte diese Krümmung herbeiführen und was das physikalische Substrat dieses gekrümmten Raumes wäre. Mit dem String-Äther und seiner Aktivierung der lokalen Schwingungsbereitschaft wird nun eine physikalische Interpretation des Äthers und des String-Äther-Feldes möglich. Das geniale Prinzip der Allgemeinen Relativitätstheorie, dass Materie den Zustand des Raumes (nunmehr: des String-Äthers) bestimmt und der Zustand des Raumes (nunmehr: des String-Äthers) die Bewegung von Materie determiniert, bleibt also erhalten.

(3) Die Vorstellung, wie Materie letztendlich adäquat beschrieben wird, muss grundlegend revidiert werden. Statt dem Bild von kleinen Billardkugeln, die durch ein Vakuum fliegen wie die Kanonenkugeln durch die Luft, bedeutet dies, sich Materie als ein *lokales Schwingungsmuster* des String-Äthers vorzustellen.

(4) Nun ist natürlich, ebenso wie Licht Licht ist und nicht Welle *oder* Korpuskel, Materie eben Materie und nicht Billardkugel oder Schwingung im String-Äther. Ich wähle nur die Beschreibung als Schwingung im String-Äther, weil dieses Bild deutlich mehr erklärt als das Bild von Materie als Kügelchen in einem Raum.

Raum und Äther, begrifflich

Die Menschen stellen sich das Weltall gerne als eine passive 3-dimensionale Bühne vor, auf der „Geschichte, Entwicklung und Physik des Weltalls" in einem ziemlich langen Theaterstück dargeboten werden, jeder einzelne Akt auf gleicher Bühne dreidimensional verortbar. Wir werden uns der Aufgabe stellen müssen, diese Vorstellung des Raums als statischer Bühne für das kosmologische Weltgeschehen als geeignetes Beschreibungssystem zu hinterfragen.

Die Stichworte „historisch" und „langes Theaterstück" deuten bereits an, dass es nicht ausschließlich um die rein örtliche „geometrische" Zuordnung zu fixem Zeitpunkt geht, sondern um ein Beschreibungssystem, in dem auch die Zeit eine Messlatte ist. Ich betrachte hier „Zeit" als seine gesonderte Dimension eines n-dimensionalen Beschreibungssystems.

Mit der Wiedereinführung des Äthers hat Einstein mit seiner Rede vom 27. Oktober 1920 an der Reichsuniversität Leiden die Vorstellung des Raums als passive Bühne verlassen. „Nach der allgemeinen Relativitätstheorie ist der Raum mit physikalischen Qualitäten ausgestattet; es existiert also in diesem Sinne ein Äther."

Hier werden Raum und Äther gleichgesetzt, wie es auch in diesem Buch ähnlich vorgeschlagen wird: Man könnte die Strings des Äther als Raumquanten bezeichnen; das bedeutet: Diese Strings sind nicht „im" Raum, Strings sind nicht die Fadennudeln in der Suppe, sondern die Strings sind „der Raum".

Dieser Raum erweist sich somit als „körnig", also gequantelt. Es gibt keinen „Leer"raum zwischen den Strings. Wenn „Raum" der Existenzbereich von Materie und Strahlung ist, dann stimmt die Aussage „der Raum expandiert". Ist aber „Raum" wie üblich „die Bühne/der Hintergrund", auf oder vor dem eine Hyperkugel wächst, *dann expandiert hier kein Raum.*

Das Ganze ist also eine Frage der Definition: Wenn ich den Existenzbereich von Materie und Strahlung „Raum" nenne, dann, in der Tat, gibt es einen gekrümmten und expandierenden Raum. Ähnlich übrigens wie bei einer Wasserwelle: Deren Existenzbereich ist gekrümmt und expandiert. Ein als Bühne verstandener Raum wäre natürlich nicht gekrümmt.

Die vierte Dimension (Schwingen in w-Richtung)

Die menschlichen Sinne können nur die Bewegung der Materie (der schwingenden Strings) im dreidimensionalen x,y,z-Raum wahrnehmen, den wir Universum nennen. Gravitative Interaktion und somit Bewegung der Masse findet nur in diesem (prinzipiell) beobachtbaren x,y,z-Raum statt und beinhaltet auch die meßbare Hubble-Expansion des Universums. Zugleich wandert die Schwingung entlang der vierten Dimension (der w-Achse) der Strings, die durch die radiale Expansion des Omniversiums bedingt ist. Diese radiale Expansion bewegter Masse und elektromagnetischer Strahlung beeinflusst indirekt auch das Ausmaß der Hubble-Expansion im 3D-Universum.

Stephen Hawkins hatte schwerwiegende Einwände gegen eine 4-Dimensionalität eines Universums, wie in Teil I beschrieben (Abschnitt: Dimensionalität der Expansion des Universums). Wenn man aber die vierte Dimensionen in Verbindung mit der hier modifizierten String-Theorie betrachtet, ergibt sich eine beeindruckende Integration der berechtigten Bedenken von Hawkins mit dem 4-dimensionalem Omniversum: Planetenbahnen können auch im vierdimensionalen Raum unverändert stabil sein, wenn Materie nur 3-dimensional existiert und sich, ganz entsprechend, Gravitation nur in 3 Dimensionen „fortpflanzt/ausbreitet". Wir kennen ein vergleichbares Verhalten bei Licht: Es schwingt nur in zwei Ebenen/Dimensionen senkrecht zur Fortpflanzungsrichtung. Ebenso, wie Licht sich mit 2 Dimensionen „begnügt", existieren Materie und Schwerkraft nur in 3 Dimensionen, die vierte darf existieren, bleibt aber „ungenutzt".

Gravitation ohne Quantengravitation im String-Äther

Gravitation wird nicht als Wechselwirkung zwischen Materie und Materie angesehen, sondern als ein Phänomen, bei dem Materie (also schwingender String-Äther) auf den bisher nicht schwingenden String-Äther (Vakuum oder vorgespannter Raum) einwirkt.

Was würde es nun bedeuten, wenn auch Gravitation emergent wäre, wie Nobelpreisträger R. Laughlin vorschlägt? Gravitation kommt überall regelmäßig vor, $1cm^3$ Wasser enthält immerhin 10^{22} Wasser-Moleküle. Die Idee von Laughlin bietet eine ganz bedeutende und möglicherweise überraschende Erklärung: Gravitation ist so stark, weil sie nicht von einzelnen Quanten, sondern von einem ungeheuer großen Kollektiv von Quanten ausgeht.

Dann wäre „Quantengravitation" nicht deswegen unentdeckt, weil sie (pro Quant gerechnet) so außerordentlich klein ist, sondern weil es sie auf dem Niveau einzelner Quanten einfach nicht gibt. Gravitation tritt also erst dann in Erscheinung, wenn sich eine genügend große Anzahl von Quanten „zu einem Kollektiv organisieren".

Im Rahmen des hier vertretenen stringtheoretischen Ansatzes erzeugen einzelne Quanten kein displacement von Strings in ihrer Umgebung. Erst ein Quantenkollektiv führt zu diesem Phänomen.

Zusammenfassend funktioniert nach meinen Vorstellungen Gravitation also folgendermaßen:

- Eine Masse als Quantenkollektiv erzeugt ein displacement im umgebenden String-Äther (d1-Feld).
- Eine zweite Masse mit ihrem d2-Feld besitzt ein displacement in entgegengesetzte Richtung.
- Die Felder überlagern sich. Die Strings erhalten einen Spannungszustand d1–d2. Es entsteht ein Feld unterschiedlicher

Spannungszustände der Strings als Funktion von (d1, d2) und mit einem Gradienten der Schwingungsbereitschaft in Abhängigkeit dieser Funktion.

- Die Massen bewegen sich (gequantelte Bewegung) entlang dem Gradienten der Schwingungsbereitschaft. Diese Eigenbewegung der Massen erfolgt somit nach dem Prinzip des geringsten energetischen Aufwandes.
- Nichts „Materielles" verändert seinen Ort, aber die Schwingung, die wir etwas unpräzise als „Teilchen" bezeichnen können, verändert ihre Position in der Tat.
- Die Bewegung setzt sich fort,
  (1) bis die Massen durch ihre abstoßende Coulomb-Kraft gestoppt werden, oder
  (2) bis eine dritte Masse oder eine Kraft die Bewegung stoppt, oder
  (3) bis im Punkt höchster Schwingungsbereitschaft eine neue Schwingung (neue Materie) generiert wird und für veränderte displacement- Bedingungen sorgt.

Entstehung von Sternen aus einer Gaswolke

Gravitation tritt emergent in Erscheinung, wenn sich eine genügend große Anzahl von Quanten „zu einem Kollektiv organisieren". Was sollen wir darunter aber verstehen?

(1) Eine gewisse Anzahl von Materie-Quanten ist erforderlich. Einige Dutzend reichen nicht aus, Fullerene aus 60 C-Atomen haben immer noch Quanten-Eigenschaften.

(2) Eine gewisse Dichte ist ebenfalls Voraussetzung für das Emergieren von Gravitation. Ein Festkörper oder eine Flüssigkeit muss nicht vorliegen, auch Gase üben Anziehungskraft aus, wenn die Masse groß genug und die Dichte hoch genug ist.

(3) Nach dem Jeanischen Kriterium muss die Temperatur des Gases niedrig sein, weil sonst die Wärmebewegung die Gasmoleküle wieder auseinander treibt.

Doch dann stoßen wir auf eine Schwierigkeit: Gerne stellt man sich die Sternentstehung so vor, dass kosmische Gaswolken, bestehend aus neutralen H-Atomen, *kollabieren,* sich zusammenziehen auf ihren Mittelpunkt. Also doch Gravitation unter Quanten, oder wie sonst ist diese kollektive Sammelbewegung zu verstehen? Im klassischen Bild besteht Materie aus kleinen Teilchen, aus winzigen Billard-Kugeln sozusagen, die (wie jedwede Masse) aufeinander gravitativ einwirken, eine Anziehung ausüben, *indem sie den Raum krümmen,* was dann wiederum die Bewegungsrichtung der Teilchen bestimmt.

Nun beträgt die mittlere Materiedichte in unserem Universum 1 bis 3 Wasserstoff-Atome pro m^3. Eine Gaswolke, die eine genügend hohe Dichte besitzt, um zwecks Sternentstehung zu kollabieren, muss eine „kritische Dichte" von mindestens 5.000.000.000 Teilchen pro m^3 aufweisen.

Ganz offensichtlich versagt beim „Kollaps einer Gaswolke" die Vorstellung von der Gravitation gleich Raumkrümmung; für jedes Teilchen gilt eine andere Richtung zur Gaswolken-Mitte. Wie also müsste die Raumkrümmung aussehen?

Anders bei dem hier vorgestellten Bild von Materie als lokales Schwingungsfeld im String-Äther: Hier gibt es keine Billard-Kugeln, die sich durch ein mehr oder weniger dünnes Medium/Vakuum „hindurch" bewegen. Der String-Äther erfüllt das gesamte Universum, nur in dem lokalen Bereich, den wir „Gaswolke" nennen, schwingen weit mehr als 5000 Strings pro cm^3. Da gibt es einen *Gradienten* der *Schwingungsbereitschaft des Äthers* zur Mitte der Gaswolke hin, also einen Grund zur gerichteten Bewegung der Schwingungen im Äther (sprich: der Gas-Atome oder Moleküle) zu eben dieser Mitte hin. Dieser

Prozess mag anfangs sehr viel Zeit benötigen, er verstärkt sich aber nachfolgend selbst lawinenartig.

Das native Wasserstoff-Gas unterliegt demnach der Gravitation, gravitiert selbst aber nicht (d. h. übt selbst keine Anziehungskraft aus), jedenfalls nicht unterhalb einer Dichte von ca. 5000 Atomen/cm³. Die beliebte Vorstellung „die Gaswolke kollabiert unter dem Einfluss der eigenen Gravitation" muss also, eine „bipolare Schwerkraft" unterstellt, aufgegeben bzw. modifiziert werden.

Einzelne Quanten erzeugen demnach kein „displacement" von Strings in ihrer Umgebung. Also existiert nichts, was wir Gravitation in der Quantenwelt nennen könnten. Diese Vorstellung verwirrt zunächst: Wie sollen sich denn die Milliarden einzelner Wasserstoffatome oder Protonen zu Sternen zusammenballen, wenn das einzelne Quant kein Gravitationsfeld besitzt? Die Frage wäre aber ein Rückfall in den Denkfehler des Reduktionismus: Das Schwerefeld wird ja vom String-Äther gebildet und ist keine Eigenschaft von Materie, so lange wir Materie als Summe einzelner Quanten betrachten.

Diese Einsicht führt zu einer höchst bemerkenswerten *Asymmetrie*: Quanten mögen sich im Äther auf dem Weg von Strings der höchsten Schwingungsbereitschaft bewegen, aber sie erzeugen als Quanten einen solchen Weg nicht selbst. Dazu braucht es das Kollektiv, viele gemeinsam im Modus „Materie" – schwingende Strings.

Mit anderen Worten: Materie zieht Materie an, aber Quanten ziehen weder Materie noch sich selbst gegenseitig an. Die Folge: Eine „Quantengravitation" gibt es nicht und sie wird auch nicht gebraucht.

Stichwort Gravitationswellen

Die Vorstellung von Gravitationswellen beinhaltet, dass zwei Massen, die sich in geringer Entfernung umkreisen, „Gravitationswellen abstrahlen" – genauso, wie eine beschleunigte Ladung elektromagnetische Strahlung aussendet. Das Thema „Gravitationswellen" ist derzeit hoch aktuell: 1993 hatten die Physiker Russell Hulse und Joseph Taylor für den indirekten Nachweis von Gravitationswellen den Nobelpreis erhalten. 2017 honorierte das Nobelpreiskomitee die Arbeit von weltweit hunderten mit dem direkten Nachweis der Graviationswellen befasster Physiker quasi stellvertretend mit der Preisvergabe an die drei US-Physiker R. Weiss, B. Barish und K. Thorne.

Somit wird, wegen der „Voraussage von Gravitationswellen durch Einstein", die Allgemeine Relativitätstheorie angeblich bestätigt[48]. Gravitationswellen passen tatsächlich zu dem oben beschriebenen modifizierten Modell der Gravitation unter Einschluss von Emergenz und String-Äther (wobei ich dies nicht notwendigerweise als eine Bestätigung der Allgemeinen Relativitätstheorie betrachte). Dazu möchte ich einige Hinweise geben:

- Ein Elektron, das den Atomkern umkreist, strahlt nicht (siehe Kasten S. 111).
- Die Erde kreist um die Sonne, bewegt sich also mit einer dauernden Radialbeschleunigung und strahlt wohl auch keine Gravitationswellen in relevantem Umfang ab, sonst würde sie auf einer Spiralbahn auf die Sonne stürzen.
- Einstein sah vermutlich 1915 in den Gravitationswellen noch kein physikalisch relevantes Phänomen. Sie treten für derart gewalttätige Ereignisse wie Supernova-Ausbrüche,

---

48 Quelle: www.spiegel.de/wissenschaft/mensch/physik-nobelpreis-2017-fuer-gravitationswellen-einsteins-erben-a-1171074.html

kollabierende Neutronensterne und fusionierende schwarze Löcher auf, die 1915 noch nicht zum Gedankengebäude von Kosmologen gehörten. Tatsächlich bedarf es zur Erzeugung von Gravitationswellen einer enormen Beschleunigung riesiger Massen, wie dies beispielsweise beim engen Umkreisen oder beim Zusammenstoß zweier schwarzer Löcher auftritt. Einstein hat Zeit seines Lebens das Modell schwarzer Löcher abgelehnt und Gravitationswellen lediglich als prinzipielle Hypothese verfochten: Ebenso, wie beschleunigte elektrische Ladungen elektromagnetische Wellen abstrahlen, sollte man von extrem beschleunigten Massen erwarten, dass sie Gravitationswellen abstrahlen.

- Die sonstigen gravitativen Folgen sind äußerst gering. Um die Größenordnung zu verdeutlichen: Die Strecke zwischen Sonne und Erde etwa würde sich beim Passieren einer Gravitationswelle nicht einmal um den Durchmesser eines Wasserstoffatoms ändern[49].

Kernidee der Allgemeinen Relativitätstheorie ist, dass Gravitation via Einwirkung von Materie auf den Raum erfolgt, wie auch immer man „Raum" und „Einwirkung" definiert; diese Idee Einsteins scheint also von Gravitationswellen bestätigt zu werden. Wenn nun die Bestätigung der Gravitationswellen als Bestätigung der Allgemeinen Relativitätstheorie gesehen wird, schließt sich aber auch die Frage an: „Was schwingt denn da bei einer Gravitationswelle?" Einstein hat angeblich das „Graviton" vorausgesagt, allerdings nicht als virtuelles Teilchen der Schwerkraft-Wechselwirkung, sondern als Resultat von Raumzeit-Wellen, was jedoch für mein physikalisches Verständnis so nicht fassbar ist. Was dort schwingt und wie die Wechselwirkung funktioniert, bleibt also bei Einstein noch im Unklaren, könnte

---

49   http://www.geo600.uni-hannover.de/~aufmuth/GW_FftM_0504.pdf

jedoch im String-Äther physikalisch plausibel erklärt werden: Die Schwingungsbereitschaft von strings wird ihrerseits beeinflusst durch „diplacement", d. h. lokale Verschiebung von strings aus ihrer Ruhelage durch Einwirkung von Materie. Eine derartige Interpretation der Einstein'schen Allgemeinen Relativitätstheorie scheint also mit dem Phänomen der Gravitationswellen zusammenzupassen.

Warum das Elektron nicht strahlt ...

An der Lamor'schen Formel[50] ist nichts falsch. Beschleunigte elektrische Ladungen strahlen, unweigerlich. Also ist das Elektron auf seiner Umlaufbahn (Bohr'sche Beschreibung) nicht beschleunigt? So ist es: Das Elektron folgt nur, ohne äußere Krafteinwirkung, dem Gradienten der größten Schwingungsbereitschaft (identisches Prinzip wie Materie/Gravitation). Eine Änderung der Bewegungsrichtung im System des String-Äthers erfolgt nicht, also auch kein Grund zur Abstrahlung von Energie ...

Felder als Zustand des String-Äthers

In Teil I („Das gravitative Feld") habe ich mit dem Zitat eines kleinen Frage- und Antwortspiels die Hilflosigkeit beschrieben, das physikalische Substrat eines Feldes zu charakterisieren.

Jetzt wird deutlich, dass ein Feld als ein Zustand des Vakuums beschrieben werden kann: Die Vorstellung eines Feldverlaufs als Bewegung der Schwingung entlang der höchsten Schwingungsbereitschaft des String-Äthers ergibt sich statt einem vektoriellen Feld (Kraftfeld) ein skalares Feld.

---

50 John David Jackson: Classical Electrodynamics. 3. Auflage. John Wiley & Sons, Hoboken 1999

In dem vorliegenden integrierenden Modell wird das Vakuum als nichtschwingender String-Äther beschrieben. Dieses Vakuum ist somit nicht leer. Natürlich ist dieses Vakuum des String-Äthers phasenweise kein Vakuum mehr, wenn im Vakuum in der Vorstellung der modifizierten Sting-Theorie eine Schwingung der Strings aktiviert wird (dreidimensional als Materie oder zweidimensional als elektromagnetische Welle). Es wird aber wieder zum Vakuum, sobald die Schwingung weitergewandert ist. Insofern kann das Vakuum durchaus auch Bereiche mit veränderter Schwingungsbereitschaft aufweisen und nicht „leer" sein, in dem Sinne, dass z. B. vorübergehende Manifestationen der Schwingung das Vakuum durchlaufen.

Aber auch in der klassischen Beschreibungsweise der Allgemeinen Relativitätstheorie ist das Vakuum ja nicht einfach nur leer, es hat danach durchaus „physikalische Eigenschaften" [51].

Interessant scheint mir in diesem Zusammenhang, dass auch Einstein den Äther als ein *strukturiertes Vakuum* bezeichnet[52]. Das klingt sehr ähnlich wie ein Raumquanten-Äther, wie ich oben den String-Äther charakterisiert habe, wobei im Vakuum dann Felder, Materialisierungen und durchlaufende Wellen entstehen können. Ansonsten ist der nichtschwingende String-Äther als Vakuum im Zustand der niedrigsten Energie. Tatsächlich beschreibt Rafelski (2019): „Einsteins Äther war in vielen Eigenschaften nichts anderes als das heutige strukturierte Quantenvakuum". Unter dem Quantenvakuum versteht man den Vakuumzustand der Quantenphysik, den Zustand niedrigster Energie. An dieser Stelle wird eine mögliche Brücke zwischen Kosmologie und Quantenphysik also angedeutet, jedoch nicht weiter physikalisch zusammengeführt. Ergänzend passt zu

---

51   https://www.heise.de/tp/features/Das-Universum-ist-vor-allem-leer-3629719.html

52   http://www.physics.arizona.edu/~rafelski/Books/StructVacuumE.pdf

diesen Gedanken, dass Einstein wohl *„die Masse der Teilchen als eine Art eingefrorene Feldenergie"* eingeordnete und aufschrieb: *„Da nach unseren heutigen Auffassungen auch die Elementarteilchen der Materie ihrem Wesen nach nicht anderes sind als Verdichtungen des elektromagnetischen Feldes ..."* [53]

Durch die Assoziation des Äthers mit dem skrukturierten Vakuum, also dem nichtleeren Vakuum und durch die Verknüpfung von Feld, Materie und elektromagnetischer Welle mit diesem Ätherbegriff als strukturiertes Vakuum sind vereinheitliche Beschreibungen begonnen worden, die sich in der hier vorgestellten stringtheoretischen Vorstellungen fortsetzen, die jedoch bei Einstein noch nicht in ein transparentes finalisiertes Modell überführt wurden.

Materie und Elementarkräfte als Zustand des String-Äthers

Was ist eigentlich Materie? Mir scheint, dass dies im Kern wieder eine Beschreibungsfrage ist: Ebenso wie Licht, kann man Materie mit dem *Wellenbild* oder mit einem *Korpuskelmodell* beschreiben. Ich möchte an den Prolog dieses Buches erinnern: Keine dieser Beschreibungen ist richtig oder falsch. Licht *IST* keine Welle oder ein Strom von Photonen, sondern *Licht ist Licht*, der Rest ist unsere Wahl der Beschreibung. Für Materie gilt dasselbe (vgl. Teil II, Abschnitt: „,Natur' und ,Beschreibung der Natur' sind etwas anderes").

De Broglie, der „Erfinder der Materiewellen", hat übrigens nie behauptet, dass das Elektron ein Welle SEI. Ihm war „die Dualität von Materie" ein so ungewohntes Bild, dass er eine Kombination anbot: Das bewegte Elektron ist danach (nach wie

---

53 Zitiert nach Rafelski, Spezielle Relativitätstheorie heute, Berlin, Springer, 2019, Seite:40

vor) ein Teilchen, dessen Bewegung durch eine voraneilende *Pilotwelle* bestimmt wird. Tatsächlich IST das Elektron (oder Photon) jedoch weder das Eine noch das Andere. Und somit können zwei Elektronen interferieren, also 1+1=0 spielen, was unser Vorstellungsvermögen von Teilchen überstrapaziert: „Materie tut sowas nicht …". Bei diesem Dilemma hätten wir etwas vergessen, nämlich es nur eine (grundsätzlich nicht perfekte) Beschreibung war, die das Elektron zur Materie erklärt hat.

Der Begriff des Teilchens (z.B. für Materieteilchen oder Austauschteilchen) ist also vorsichtig anzuwenden: Es ist keine Eigenschaft, sondern eine (vielleicht sogar irreführende) annähernde Beschreibung. Der Begriff Austausch-Teilchen hat nur Modell-Charakter und dann gibt es auch noch die Frage, ob das Modell der Anziehung durch Teilchen-Austausch nicht durch ein besseres ersetzt werden kann. Auf den Fall des Photons übertragen impliziert dies zum Beispiel, dass die Frage nach der Existenz, dem Wesen oder der Substanz eines Photons außerhalb von Wechselwirkungsprozessen rein philosophischer Natur ist. Wenn wir also von Teilchen oder Wellen sprechen, dann bezieht sich dies immer auf das Verhalten in einem konkreten physikalischen Prozess. Beide Eigenschaften müssen sich daher auch nicht ausschließen.

Dem hier vorgestellten string-theoretischen Modell liegt die Idee zugrunde, dass die Elementarkräfte mit den vier Raumdimensionen und mit unterschiedlichen Schwingungsmustern zu tun haben,

- die Schwingungsmuster der Gruppe „Materie",
- die Schwingungsmuster der Gruppe Bosonen,

die sowohl unterschiedliche Dimensionen betreffen wie auch unterschiedliche Kopplungskonstanten (je nach Gruppe und Dimension) aufweisen. Die Kopplungs-Konstanten der String-Theorie mögen beispielsweise für jede der 4 Raumdimensionen unterschiedlich sein, woraus sich unterschiedliche Reichweiten der Kräfte ergeben. Materie-Teilchen könnten ein 3D-Schwingungsmuster ohne Kopplungskonstante in der vierten Dimension haben. Die vierte Dimension ist die Fortpflanzungsrichtung der Materiewelle, auch für Ruhemasse (die sich also ohne Bewegung in x,y,z-Dimensionen befindet). Je kleiner die Kopplungskonstante, desto stärker die lokale Kraft, d.h. der Übertrag des Schwingungsmusters auf die benachbarten Strings und desto geringer ist die Reichweite.

Wie bereits angedeutet, spielen bei dem Zusammenwirken der Strings zwei Phänomene eine zentrale Rolle: (1) die Emergenz, und (2) die Resonanz. Es leuchtet ein, dass ein derartiges Resonanz-System nur auf sehr kurze Entfernungen (gemessen an der Wellenlänge der Resonanzfrequenz) effektiv sein wird und dass sich ein schwingendes System einer Veränderung der Geometrie widersetzen wird.

All dies sind die Spezifika der starken Kernkraft. Resonanz zeigt sich bei der starken Kraft ähnlich dem „Confinement". Hier werden Energiepakete ausgetauscht, hier trifft das Bild der Botenteilchen noch am ehesten zu. Aber hier sind auch die Entfernungen am kleinsten. Ich schlage also vor, die dinglich-materielle Begründung der starken Kernkraft im Bereich von Resonanzerscheinungen im String-Äther zu suchen.

Allerdings möchte ich an die Voraussetzungen dieses Beschreibungssystems erinnern:

- der Äther als allgegenwärtiges schwingungsfähiges Medium ist unabdingbar; er existiert lokal in 2 Phasen – nicht schwingend Vakuum genannt, schwingend (3D) Materie oder schwingend (2D) Strahlung genannt;
- was da schwingt, sind nicht einzelne Strings (hier liegen die klassischen String-Theorien aus meiner Sicht falsch), sondern jeweils ein ganzes Ensemble, ein Kollektiv von Strings.

Stellen wir uns ein Proton nicht als ein oder als drei Strings vor, sondern wie drei Fischschwärme, die sowohl untereinander wie auch als drei „bulky balls" einer großen Anzahl von Fischen (Strings) wechselwirken. Auch ein mit Lichtgeschwindigkeit bewegtes Photon ist ein Wellenzug einer großen Anzahl von Strings.

Exkurs: Stringtheorie und Ladung – eine Spekulation

In Teil I habe ich die Zuordnung einer Ladung in Verbindung mit den Elementarkräften als problematisch beschrieben (vgl. Abschnitt: „Die starke Kernkraft als eine der Elementarkräfte"). Im letzten Abschnitt dieses Teils IV habe ich nun konstruktiv versucht, Elementarkräfte im Rahmen des hier skizzierten stringtheoretischen Modells einzuordnen (vgl. Abschnitt „Materie und Elementarkräfte als Zustand des Sting-Äthers"). Ich möchte diese Verknüpfung von String-Theorie und physikalischen Phänomenen im quantenphysikalischen Bereich auch für die Charakterisierung des Phänomens der „Ladung" fortsetzen.

Mit elektrischer Ladung beschreibt man klassisch den Elektronenmangel oder den Elektronenüberschuss. Diese Beschreibung sagt jedoch noch nichts darüber aus, was Ladung physikalisch ist und wie sich Ladung in einem string-theoretischen Modell darstellt. Ich versuche also in diesem Abschnitt ein physikalisches Bild dafür zu entwerfen, wobei ich mir bewusst bin, dass dies derzeit nur eine möglicherweise spekulative Annäherung an das Phänomen der Ladung ist. Ferner beschäftige ich mich mit der Verknüpfung des Spins (Eigendrehimpuls) mit der Ladung und ich möchte Ladungen, die kleiner als 1 sein sollen wie der Ladung eines Quarks, ansprechen, da hier in der klassischen Quantenphysik nach Teil I ebenfalls eine bisher unbefriedigende Zuordnung erfolgte.

Dieser Abschnitt stellt in Bezug auf die kosmologische Betrachtung einen Exkurs dar, hilft mir aber, die in diesem Abschnitt begonnene stringtheoretische Vorstellung in Verbindung mit dem vierdimensionalen Raum und dem Prinzip der Emergenz auch auf quantenphysikalischer Ebene als hilfreiche Beschreibungsmöglichkeit zu charakterisieren.

Ladung als Rotation von Materieteilchen

Es könnte vorteilhaft sein, Ladung als Rotation von Materieteilchen um die w-Achse (also um die in die vierte Raumdimension weisenden Bewegungsrichtung) zu beschreiben. Mit anderen Worten: Ladung könnte physikalisch als Rotationsbewegung eines Ensembles von Strings betrachtet werden, vergleichbar mit dem Spin (siehe unten), aber mit der Drehachse in w-Richtung. Eine solche Betrachtungsweise erfordert, dass hinzugefügt werden muss, für welches Teilchen diese Beschreibung Gültigkeit haben soll: Die Rotation um die w-Achse ist eine Beschreibung, die nur das „komplette" Proton betrifft.

Hierzu gibt es einige interessante Hinweise:

- Ladung ohne Materie gibt es nicht.
- Das, was wir Ladung nennen, ist ebenso eine physikalische Erhaltungsgröße wie die Energie, der Impuls oder der Drehimpuls. Ladung kann, ähnlich wie Energie, der Impuls oder Drehimpuls, weder erzeugt noch vernichtet werden.
- Ladung existiert mit den Vorzeichen plus (+) oder minus (–), entsprechend den beiden Drehrichtungen gegen und mit dem Urzeiger-Sinn (bezogen auf die w-Richtung als Achse).
- Ladung ist gequantelt, ebenso wie Energie, Impuls und Drehimpuls.
- Zwei gegensinnige Drehbewegungen in einem Medium (String-Äther) ziehen sich an, gleichsinnige stoßen sich ab –

das wäre eine Erklärung für die elektro-magnetische Kraft ohne Botenteilchen.

Drehbewegungen haben allgemein die Tendenz zur Bewegung im Raum und Ladung wird hier als Drehbewegung um die w-Richtung als Achse angesehen.

Die Rotation wäre somit im x,y,z-Raum nicht als Rotation erkennbar, sondern als „Ladung". Nun wissen wir aus der Mechanik, dass eine translatorische Drehbewegung auf eine zweite, gleichsinnige Drehbewegung abstoßend, auf eine gegensinnige Drehbewegung aber anziehend einwirkt.

Wenn nun das Universum 4-dimensional ist, alles sich in w-Richtung bewegt, der Äther als String-Äther eingeführt ist und ladungstragende Teilchen als Ensemble rotierender Strings beschrieben werden, kann elektromagnetische Kraft erklärt werden: Als abstoßende oder anziehende Wechselwirkung zwischen translatorisch bewegten, in der w-Dimension rotierender Ensembles von Strings.

Ladung und Spin

Eine weitere, wichtige Eigenschaft von Elementarteilchen, der Spin, kann entsprechend eingeordnet werden. Er scheint leichter verständlich, weil gemeinhin das mechanische Analogon einer Rotation im erlebbaren 3-D-Raum Verwendung findet. Dabei könnten wir es auch belassen, wenn nicht immer wieder Bedenken geäußert würden, das Bild eines Kreisels könne für die Beschreibung des Spins, beispielsweise des Elektrons, nicht vorbehaltslos benutzt werden. Als Hauptargument gegen das Kreisel-Bild wird angeführt, dass ein Elektron seine ursprüngliche Konfiguration nicht, wie wir es von Materie im 3-D-Raum gewohnt sind, nach einer Drehung um 360° erreicht, sondern erst nach einer Rotation von 2 Umdrehungen (720°).

Es mag sein, dass die 720°-Rotationssymmetrie beim Spin

des Elektrons unter den in diesem Buch postulierten Bedingungen eine ganz einfache Erklärung findet: Wie bereits beschrieben, leben wir in einem Universum, in welchem zwar nur 3 Raumdimensionen wahrgenommen werden können, das aber 4 Raumdimensionen besitzt. Unser mechanisches Analogon, dass materielle Körper „nur" um 360° gedreht werden müssen, um wieder mit sich selbst zur Deckung zu kommen, mag für das Elektron und den 4-D-Raum nicht zutreffend sein. Ist nicht gerade die Unsymmetrie des Elektrons gegenüber einer 360°-Drehung ein Hinweis darauf, dass unser Universum 4 Raumdimensionen „besitzt"?

Reduktionistische oder emergente Vorstellungen von Ladung
Eine Beschreibung von Ladung als Rotation von Materieteilchen um die w-Achse wurde auf das „komplette" Proton bezogen. Ich nehme nun für den Moment an, ein Proton mit der Ladung +1 wäre wirklich „zusammengesetzt aus 3 Quarks". Dann gilt die Rotation um die w-Achse nicht für die Einzel-Bestandteile des Protons. Ungleich der Masse, bei welcher sich die Proton-Eigenschaft zwangsläufig summiert aus der qualitativ gleichen Eigenschaft der beteiligten Quarks, ist es nicht denknotwendig, die Ladung (wenn wir sie als eine spezielle Art von Drehimpuls beschreiben) des Protons auch bei den beteiligten Quarks wieder zu finden. Tatsächlich wird dies aber in der Standard-Quantenphysik getan, indem den Quarks (weil rechnerisch unvermeidlich) zugeschrieben wird: „Die *elektrische Ladung* der *Quarks* ist entweder $-\frac{1}{3}$ oder $+\frac{2}{3}$ der Elementarladung", was sofort zu 3 Problemen führt:

(1) nunmehr muss postuliert werden, dass Ladung auch in Bruchteilen der Elementarladung auftritt,
(2) es müsste wohl auch eine neue Art von starker Bindungskraft postuliert werden, welche die abstoßende Wirkung zwischen den Quarks mit gleichem Ladungsvorzeichen kompensiert

(3) ein experimenteller Nachweis der Quark-Ladung scheint unmöglich, da es keine Quarks als separierbare Teilchen gibt.

Diese Schwierigkeiten (um nicht zu sagen: Widersprüchlichkeiten) haben nicht mit dem Proton, seiner Ladung oder den Quarks selbst zu tun, sondern sind lediglich das Resultat der gewählten Beschreibungsweise (des Reduktionismus). Wähle ich hingegen als Beschreibung für das Phänomen „Ladung" das Bild vom Drehimpuls des Materie-Teilchens „Proton" mit Vektor in w-Richtung, dann ist es offensichtlich nicht notwendig, eine „Ladung" von Quarks zu postulieren (so ich denn auf der Reduktion von Protonen auf Quarks überhaupt beharre).

Elektrische Ladung muss emergent sein: Das Elementarteilchen (Elektron) besitzt „Ladung", seine Bestandteile (Strings) jedoch nicht. Wäre es anders, müssten wir eine weitere Kraft postulieren, welche stärker ist als die abstoßende Wirkung der Ladungen auf den Strings, um das Elektron vor der Desintegration zu bewahren.

Beim Spin ist die Situation komplizierter: Man kann sich vorstellen, dass ein Proton als „komplettes Teilchen" eine Kreiselbewegung ausführt, der Spin also emergent und nicht summativ auf die Quarks zu verteilen ist. Tue ich dies (in guter reduktionistischer Tradition) trotzdem, dann erzwingt dies möglicherweise eine unnötig komplizierte, vielleicht sogar „unlogische" Beschreibung. Welche Evidenz gibt es, den nicht separierbaren Quarks, die in sehr spezieller Weise durch die starke Kernkraft (Gluonen) verbunden beschrieben werden, eine separate Eigen-Drehbewegung zuzuordnen? An Anschaulichkeit gewinnt dieses Modell jedenfalls nicht – es klingt nach nicht akzeptierter Emergenz.

Schließlich aber könnte eine Mischung aus beidem die sinnvollste Beschreibungs-weise sein: Den Quarks einen Eigen-Drehimpuls zuzuordnen wie auch dem kompletten Elementarteilchen (Proton oder Neutron). Wobei dem Eigen-Drehimpuls der Quarks eine ganz andere Bedeutung zukommen könnte als dem Spin des klassischen Elementarteilchens: Teilchen mit 3 Quarks zeigen einen resultierenden Spin, Teilchen mit 2 Quarks nicht.

An diesen Überlegungen soll deutlich werden, dass

- wir mit Emergenz rechnen müssen, also Eigenschaften, die bei zusammengesetzten Systemen qualitativ neu auftreten und bei den Einzelelementen des Systems nicht vorhanden sind
- einige, vielleicht sogar die meisten, Probleme einer physikalischen Theorie möglicherweise mit „der Realität" überhaupt nichts zu tun haben, sondern lediglich eine Folge der gewählten Beschreibungsweise sein könnten.

Doch ich möchte nach diesem etwas spekulativen Ausflug in eine mögliche quantenphysikalische Interpretation des stringtheoretischen Modells in Verbindung mit 4-Dimensionalität und Emergenz auf die zusammenfassende kosmologische Einordnung zurückkommen.

Zusammenfassende Einordnung

Mit dem neuen Äther, wie ich ihn in diesem Buch vorstelle, gibt es ein Konzept, das Einsteins Allgemeine Relativitätstheorie *so modifiziert*, dass seine Grundideen (Materie beeinflusst Eigenschaften des Raumes, Raum beeinflusst Bewegung der Materie) erhalten bleiben. Dabei werden jedoch die vorgenannten Unstimmigkeiten vermieden:

- Ich habe das klassische Vakuum bereits durch den String-Äther ersetzt
- Die Strings sind nicht „im Raum", sondern sie SIND der Raum, Strings sind die Raumquanten

- Der String-Äther ist somit eher mit einem vollkommen durchsichtigen Kristall als mit einem klassischen Vakuum vergleichbar
- Ich ersetze nun in den Einstein'schen Formeln „lokale *Raumkrümmung*" durch „lokale *Schwingungsbereitschaft* des String-Äthers".

Der Mechanismus von dem Phänomen, das wir Gravitations-Anziehung nennen, wird nun klar und einfach:

- Materie erhöht die Schwingungsbereitschaft des String-Äthers nach dem Gesetz des gravitativen Potentials
- Man kann den Bereich erhöhter Schwingungsbereitschaft auch ein gravitatives Feld nennen; im Unterschied zum Feld der Raumkrümmung (vektoriell) ist es offensichtlich ein einfaches skalares Feld
- Bewegbare Materie sucht sich nun selbst den Weg höchster Schwingungsbereitschaft im String-Äther.

Mit anderen Worten: Eine Kraft, die zwischen den materiellen Körpern wirkt (Newton), gibt es nach meiner Einschätzung tatsächlich nicht, aber ebenso wenig einen „gekrümmten Raum" im geometrischen Sinn auf Basis der Schwerkraft. Dieses Modell braucht auch keine Botenteilchen (Gravitonen), die bisher – trotz immenser Bemühungen – nicht nachgewiesen wurden.

Ich finde, es ist eine atemberaubende Idee, dass jede Art Materie oder Strahlung lediglich aus schwingenden Strings besteht, und dass Bewegung von Materie erfolgt, indem die Schwingung auf das nächste String überspringt, dann wieder auf das nächste usw. Jede unserer Körperzellen, jede DNA-Spirale im Zellkern, jedes Atom in der DNA, jedes Quark im Atomkern ist in dauernder Bewegung, ist Schwingung, die sich im Schwarm emergent z. B. als Materie manifestiert und fortpflanzt.

Ein modifizierter Urknall

Die Überlegungen zur Urknalltheorie und zur Entwicklung des Universums in Teil I zeigten, dass das Standard-Modell des Urknalls im Bild von George Lemaitre mit den Ausweitungen um die Inflationstheorie von Allan Guth und die Verknüpfung mit der Existenz einer „dunklen Materie" zahlreiche Ungereimtheiten aufweisen. Intensität und Alter der kosmischen Hintergrundstrahlung passen nicht zur Vorstellung, dass die CMB ein Babyfoto des Universums wäre und die grundsätzlich in der Relativitätstheorie zu Grunde gelegte 4-Dimensionalität spiegelt sich nicht in den Expansionsmodellen. Wesentliche Vorstellungen vom Urknall sprengen physikalisch die Grenzen der Naturgesetze. Das beinhaltet insbesondere die hier für die Singularität angenommenen quantitativen Charakteristika: NULL und UNENDLICH mit allen daraus abgeleiteten Konsequenzen. Auch die Energie müsste wie die Dichte und Temperatur „unendlich groß" gewesen sein. Das Konsensmodell der Urknall-Theorie geht ja bei der Extrapolation auf den Startpunkt davon aus, dass zum Zeitpunkt Null die gesamte Universum in einem Punkt ohne Ausdehnung, d. h. mit unendlicher Dichte, vorlag.

In diesem Kapitel des Buches wird es stattdessen um einen Ansatz gehen, der im Wesentlichen durch folgende Prinzipien gekennzeichnet ist:

- Die Vierdimensionalität des Omniversums ist wesentlicher Bestandteil des Modells
- Am Anfang war nicht ALLES – ich versuche, die Unendlichkeit und die Null aus der physikalischen Beschreibung herauszuhalten
- Wachstum in der Natur ist üblicherweise „von klein nach groß, vom Wenigen zum Vielen". Das hier vorgestellte modifizierte Urknallmodell wird als Wachstumsmodell verstanden.

- Als Preis dafür, dass das hier vorgestellte modifizierte Urknallmodell eine schlüssige Physik beinhaltet, ist zuzugeben, dass eine Antwort auf die *prima causa* bewusst nicht gegeben wird: Ich wähle stattdessen eine von wenigen Setzungen, auf die derzeit keine richtige oder falsche Antwort möglich ist, die aber ein integrierendes Modell ermöglichen. An späterer Stelle eingeführte Axiome werden so vermieden.

Folgende Struktur für die die Erläuterung dieser Thematik in vorgesehen:

- Zunächst soll nochmals die Raumgeometrie des sich ausdehnenden vierdimensionalen Omniversums in Anlehnung an das Luftballon-Modell von Teil III reflektiert werden.
- In der Folge sollen die Prinzipien für das Wachstumsmodell des Kosmos beschrieben werden.
- Wichtig erscheint mir, die Expansion des Urknalls in den ersten Minuten im vierdimensionalen Raum zu betrachten
- und die Frage der Herkunft der für die Expansion erforderlichen Energie zu diskutieren
- und die notwendige Umwandlung von Strahlung in Materie und von Materie in Strahlung zu betrachten.
- Es wird ein Blick auf die berühmte Formel $E = m \times c^2$ in Bezug auf das hier vorgestellte modifizierte Urknall-Modell geworfen.
- Natürlich ist auf dieser Basis eine verbesserte Interpretation der kosmischen Hintergrundstrahlung (CMB) erforderlich und
- die erheblichen Probleme der gängigen Quantenphysik in der Interpretation des Quantenvakuums sollen eingeordnet werden.

Geometrie des Kosmos im integrierenden Modell

Im Abschnitt „Der Knall im dreidimensionalen Raum?" (Teil I) wurde das Bild der auseinanderfliegenden Kanonenkugel, der Hohlkugel oder des Rosinenkuchteigs als Folgen des Urknalls vorgestellt mit dem Ergebnis, dass diese Bilder insofern in die Irre führen, als sie keinen isotropen Weltraum beinhalten und weil sie nur dreidimensional zu verstehen sind. Im „Luftballon-modell mit Geldmünzen" des britischen Astrophysikers Arthur Stanley Eddington wurde in Teil III ein weiteres Modell ergänzt, um die Expansion des Weltalls im vierdimensionalen Raum zu betrachten.

Das Ballon-Modell macht dabei – wie auch die zerplatzende Kanonenkugel und der aufgehende Rosinenkuchen es sollen – die Entwicklung des Universums nach dem Urknall anschaulich, aber mit dem Ballon-Modell wird auch versucht, die Entwick-lung der vierten Dimension, des Omniversums, zu veranschau-lichen!

Am Ballon-Modell wird sichtbar:

- Die Oberfläche ist unbegrenzt, aber nicht unendlich
- Es gibt zwei Arten der Expansion: Radial, d. h. Vergrößerung vom Ballon durch den Atem („radiale Expansion") und die Hubble-Expansion („Fluchtbewegung") in der Oberfläche
- Die Gummifäden, sprich: Die Gravitation wirkt nicht „quer durch den Ballon", sondern nur in der Oberfläche des Bal-lons, also nur im 3-dimensionalen Universum. Für jeden Punkt der hier vereinfacht 2-dimensional angenommenen Ballonoberfläche wird aber offensichtlich eine weitere, senk-rechte Messlatte benötigt, um die Krümmung des Ballons zu beschreiben. Um den Ballon herum gibt es offensichtlich ein „außen/innen".

Ein nichtunendlicher, in jeder Richtung unbegrenzter Raum benötigt also vier Raumdimensionen zur adäquaten Beschreibung.

Dennoch kann das Luftballon-Bild die Hyperkugel (das Omniversum) nicht vollständig und ohne die Gefahr des Rückfalls in die dreidimensionale Wahrnehmung beschreiben. Das ist ähnlich, wie bei dem Versuch, Licht nur über dessen Wellencharakter zu beschreiben, was eben nur eine (ebenfalls zu kurz greifende) Veranschaulichung und Beschreibung ist.

Auch für das expandierende Omniversum stellt das Wellenbild eine hilfreiche Ergänzung zum Luftballon-Bild dar:

Wenn an einem windstillen Tag ein Stein in einen Teich mit zuvor unbewegter Oberfläche geworfen wird, sieht der Beobachter kreisförmige Wellen sich ausbreiten, wobei kein Raum expandiert. Niemand würde hier annehmen, das Wasser, Schwingungsmedium für die Kreiswelle, würde vom Zentrum aus radial in die sich vergrößernde Kreiswelle (quasi nach Hubble) expandieren. Es ist auch bekannt, dass eine Wasserwelle sich fortpflanzt, ohne dass Wassermoleküle nennenswert ihren Ort verändern. Bei der Tsunami-Welle, die 2004 mitten im Indischen Ozean entstand und in mehr als 1000 km Entfernung in Thailand mehr als 200.000 Opfer forderte, hat sich kein einziges Wasser-Molekül mehr als einige Meter bewegt.

Wir schlussfolgern, dass auch Strahlung und Materie in unserem Universum expandieren, d.h. ihren *Existenzbereich* verlagern/ausdehnen, ohne dass ein „Raum" in klassischen Sinn expandiert. Voraussetzung ist wohl, dass auch im Universum ein schwingungsfähiges *Medium* (wie Wasser) existiert und dass auch die *Materie Wellencharakter* besitzt. Mit der Einführung des String-Äthers ist ersteres gegeben, letzteres nach dem Verständnis des französischen Physikers und Nobelpreisträgers Louis-Victor Pierre Raymond de Broglie und entsprechend der hier vorgestellten modifizierten Stingtheorie.

Zur Anschaulichkeit sollten also die zwei Bilder, der 4-D-Ballon und die Kreiswelle, kombiniert werden: Das Universum expandiert wie eine Ballon-Hülle (nur eben eine dreidimensionale Hülle eines vierdimensionalen Ballons) und zugleich wie eine Kreiswelle (nur eben dreidimensional mit Ausbreitungsrichtung radial, also in Richtung der vierten Dimension). Wobei sich keine Materie „durch den Raum hindurch" bewegt, sondern sich eine „Wellenbewegung", ein komplexes Schwingungsmuster im Raum fortpflanzt.

Ich kann nur von einer „Expansion des Raumes" reden, wenn hiermit nicht die Kant'sche a-priori-Kategorie „Raum" gemeint ist (die „Bühne"), sondern die räumliche Ausdehnung des Existenzbereichs von Materie und Strahlung. Die Frage, in welche Struktur hinein sich der Existenzbereich von Materie und Strahlung ausdehnt, ist zunächst klar: In den Existenzbereich des noch nicht schwingenden String-Äthers.

Die Frage, ob in dem kosmischen Raum, in welchen der Existenzbereich von Materie hinein expandiert, eine schwingungsfähige Ätherstruktur bereits vorhanden ist oder ob sich diese überhaupt erst durch die Expansion dieses Existenzbereichs bildet, muss unbeantwortet bleiben.

Prinzipien eines Wachstumsmodells

Es ist vielleicht nicht nötig, eine vollständig neuartige Beschreibungsweise für die Frühgeschichte des Universums zu erfinden. Das Standardmodell („Urknall") wie auch die „steady-state-Theorie" enthalten sehr nützliche Einzelaspekte. Vielleicht hilft eine Art Zusammenschau der beiden Modelle. Beide Modelle, die steady state und der Urknall, leiden jedoch im Grunde an derselben Problematik: Sie postulieren Unendlichkeiten und die schwierige Physik dieser Unendlichkeiten färbt auf die Physik von dem ab, was uns besonders interessiert, nämlich eine plausible, konsistente und nützliche Beschreibung der Physik des sich verändernden Kosmos „im Jetzt", also der letzten Milliarden Jahre und der nächsten Milliarden Jahre, vielleicht schon viel länger oder aber vielleicht nach einem Urknall.

Bei der „steady state Theorie" ist dies ganz offensichtlich eine Unendlichkeit in der Zeit: Der Grundgedanke der steady state ist, dass das Universum keinen diskreten Anfang hat, keinen Beginn (und kein Ende). Das, was wir beobachten, war schon immer und wird immer sein. Wenn jedoch keine angemessene Erklärung in diesem Modell gegeben wird, was es zum Beispiel mit der kosmischen Hintergrundstrahlung (als CMB) auf sich hat, dann ist dieses Modell auch für die Interpretation eines Kosmos im Jetzt unbefriedigend.

Bei der Urknalltheorie ist die Unendlichkeit quasi geometrisch, nicht zeitlich: Zum Zeitpunkt Null gab es einen Punkt (ein Raumgebiet unendlich kleiner Ausdehnung) mit unendlicher Materie-oder Energiedichte. In der gegenwärtigen Interpretation des Urknalls oder der ersten drei Minuten danach wird davon ausgegangen, dass alle Materie und Strahlung zum Startpunkt „schon existierte", was die Interpretation von der derzeitigen Gestalt und Entwicklung des Kosmos besonders schwierig und unbefriedigend gestaltet.

Bei allen, aber auch wirklich allen Modellen zur Erklärung des Kosmos ist es unvermeidlich, dass so etwas wie ein „Schöpfungsakt" existiert, eine „prima causa". Ich schlage vor, das Ergebnis dieses Schöpfungsaktes bewusst dort anzusiedeln und dort unser Modell der Frühentwicklung des Kosmos zu beginnen, wo bereits unsere Naturgesetze gültig sind und die Folgebeobachtungen besser mit diesen Naturgesetzen kompatibel sind. Wenn es ohnehin prinzipiell unmöglich ist, die „tatsächliche Realität" per Modell beschreiben zu wollen, und wenn ich also nur möglichst qualifizierte Beschreibungen liefern kann, dann sind solche Grenzziehungen sinnvoll. Das bedeutet, dass ich zum Beispiel keine Singularitäten in das Modell einbeziehen muss. Das bedeutet, dass ich die Unterstellung, dass im Wesentlichen alle Materie (in welcher Form auch immer) bereits zu Anfang existierte, für einen äußerst unglücklichen und ungeeigneten und nicht beweisbaren Startpunkt halte. Dann setze ich lieber einen Anfang, der mir konsistentere Möglichkeiten zur Beschreibung des expandierenden Universums „im Jetzt" bietet.

Ich möchte also bewusst einen Anfang setzen, hinter den ich nicht *gezwungen* bin, im Rahmen des kosmologischen Modells hinauszublicken. Insofern liegt mir ein Anfangspunkt ähnlich der Urknall-Vorstellung näher als der Startpunkt im Unendlichen. Aber: Ich werde einen Anfang im „Endlichen" in Verbindung mit einem Urknall setzen. Mit diesem Verständnis spreche ich beim hier vorgestellten Modell vom „modifizierten Urknall".

Bei diesem modifizierten Urknall wird davon ausgegangen, dass der weit überwiegende Anteil der Materie sich erst während und durch die Expansion des Universums gebildet hat. Nach dem Standard-Modell erfolgt das Wachstum des Universums quasi von oben nach unten: Eine unfassbar große Materiewolke expandiert in ihrer Gesamtheit und kondensiert zugleich lokal. Die Galaxienbildung erfolgt nach dem von mir vorgeschlagenen Modell nicht „von oben nach unten", sondern „von unten nach oben". Wachstum in der Natur ist üblicherweise „von klein nach groß, vom Wenigen zum Vielen". Warum sollte es bei der Entwicklung des Universums anders sein? Der Löwenanteil der Materie war also am Anfang noch nicht da, sondern ist proportional zur Ausdehnung des Universums erst später entstanden (und entsteht heute noch). Wir könnten dieses modifizierte Urknall-Modell auch als Wachstums-Modell bezeichnen.

Anfangsbedingungen in den „ersten drei Minuten" im vierdimensionalen Raum

Ein möglicher Startpunkt beim modifizierten Urknall könnte in einer unglaublich dichten Zusammenballung von Strahlung gewesen sein; unglaublich, aber nicht unendlich. Man muss sich diese Zusammenballung nicht extrem klein vorstellen, die diesen ersten Anfang des beschreibbaren und in seiner Geschichte nachzuverfolgenden Omniversums bildete. Diese Strahlung beinhaltete einen extremen Strahlungsdruck ausgehend von der Zusammenballung.

Bei allen bisherigen Beschreibungen der „ersten drei Minuten" der Geburt unseres Kosmos (Begriff des US-Physikers Steven Weinberg) wird das Universum mehr oder weniger unausgesprochen als 3-dimensionale, expandierende Kugel behandelt. Die vierte Dimension wird aber nicht in das Modell des Kosmos integriert.

Im letzten Abschnitt („Geometrie des Kosmos im integrierenden Modell") habe ich den Vorschlag gemacht, den Gesamt-Kosmos, eine räumlich 4-dimensionale Hyperkugel mit radialer Expansion von der 3-dimensionalen Oberfläche der Hyperkugel, unserem Universum, mit seiner Expansion entsprechend der Hubble'schen Fluchtbewegung zu unterscheiden.

Für die Entwicklungsgeschichte des Kosmos bedeutet dies einen gravierenden Unterschied: Beim Kosmos als 4-dimensionale Hyperkugel existieren zwei unterschiedliche Raumbereiche – das Kugelinnere (von uns nicht beobachtbar) und die Kugeloberfläche (unser Universum).

Es ist zwangsläufig, dass „die Entwicklungsbedingungen" des Kosmos im Kugelinneren und in der Kugeloberfläche unterschiedlich sind, beziehungsweise, bezogen auf die Frühzeit des Kosmos, bereits unterschiedlich waren. Dichte, Druck und Temperatur waren im Kugelinneren anders. Dementsprechend erfolgte der Übergang vom strahlungsdominierten Raum zum materiedominierten in beiden Bereichen zu verschiedenen Zeitpunkten. Die Oberfläche der Hyperkugel wurde bedeutend eher zum materiedominierten Raum, das Innere blieb strahlungsdominiert.

Dies wiederum hatte zur Folge

(1) Gravitation, die Wechselwirkung zwischen Materie und Materie, entstand nur in der Kugeloberfläche (unserem 3-D-Universum) und nicht in radialer Richtung.

(2) Die Strahlung des Kugelinneren übte auf die Materie der Kugeloberfläche einen Strahlungsdruck aus, der zur Expansion der Hyperkugel führte, in radialer Richtung.

(3) Es entsteht eine Art Kettenreaktion, indem bei der Umwandlung von Materie und Antimaterie in Strahlung in dem Raumbereich mit einem auch nur geringfügigen Materieüberschuss die Materie die Antimaterie vollständig verdrängt. Und umgekehrt.

Es möge nicht verwirren, dass in unserem Universum ausgerechnet Materie übrig blieb; wäre es Antimaterie gewesen, dann hätten wir sie umbenannt, die beiden sind nicht unterscheidbar. Auch ist natürlich nicht die Geometrie die Ursache der unterschiedlichen Verhältnisse in der Oberfläche und dem Innerem des Omniversums, sondern umgekehrt: Ich bezeichne das als Oberfläche, wo sich die Materie befindet und als Inneres, wo Antimaterie überwiegt. Die Kontaktfläche (vorne als Hyper-Sphäre bezeichnet) ist ein Generator für energiereiche Strahlung.

Natürlich ist nicht die 4-Dimensionalität die Ursache der Trennung von Materie und Antimaterie. Es gibt keine Trennwand zwischen der vierten Dimension und dem beobachtbaren 3-D-Raum, sondern die unterschiedlichen „Abkühlungsbedingungen" im Kugelinneren und in der Oberfläche sind ursächlich.

Aufgrund dieser Trennung existieren wir in unserem materie-dominierten Universum ohne nennenswerte Mengen an Antimaterie. Verursacht durch den Strahlungsdruck aus dem Inneren der Hyperkugel folgt die Expansion des Universums. Und diese Expansion ist wiederum Ursache für die Entstehung von Materie „aus Gravitationsenergie". Dynamisch gesehen, besteht der Kosmos aus Bewegung von Materie entgegen der Massenanziehungskraft. Dies ist Arbeit/Energie, die bekanntlich allenfalls umgewandelt, *nicht aber* (erzeugt werden oder) *verloren gehen* kann.

Die vierdimensionale Geometrie des Weltalls führt also dazu, dass die ersten 3 Minuten deutlich anders verlaufen, dass sie ein anderes Universum „hinterlassen", als das übliche Modell von einem 3-dimensionalen Kosmos.

Die Galaxienbildung mit ihrer filamentartigen Struktur und den riesigen Leer-Räumen erfolgte somit auch ganz anders als durch Zusammenballung von bereits vorhandener Materie, vielleicht zutreffender vergleichbar mit dem Wachstum eines natürlichen Badeschwammes – womit die Entstehung von Galaxien ganz natürlich „von unten nach oben", von klein nach groß, von „wenig nach viel" beschrieben wird.

Wenn Materie via Expansion entsteht,

- löst sich der Widerspruch, dass die Hintergrundstrahlung sowohl gleichmäßig als auch ungleichmäßig sein muss,
- verflüchtigt sich das Problem, dass die Galaxien gar nicht die Zeit hatten, durch Zusammenballung aus der Urmaterie zu entstehen,
- bleibt die CMB vielleicht noch Zeuge für die Urknall-Expansion, nicht aber für die These, damals (im Frühstadium des Universums) habe schon alle Materie – wie heute vorhanden – existiert.

Das Rätsel der Energie

Dunkle Energie ist keine Erfindung. Die Frage, welche Kraft das Universum expandieren lässt, gibt es eigentlich schon sehr lange. Sie stellte sich konkret mit dem Postulat der kosmischen Expansion durch Lemaitre 1927 und dem Nachweis durch Hubble 1929 sowie theoretisch mit der Formulierung der Urknall-Theorie. Durch die Entdeckung der beschleunigten Expansion des Universums (Nobelpreis 2011) wurde deutlich, dass diese Energiequelle auch heute noch „aktiv" sein muß und nicht etwa nur einmalig beim Urknall – eine Entdeckung von entscheidender Wichtigkeit.

Tatsächlich ist die Frage nach der Expansionsenergie essentiell: Eine kosmologische Theorie ohne Modellvorstellung, wo diese Energie herkommt und wo sie hin geht, sollte es nicht geben, denn Energie kann nur umgewandelt werden und nicht verloren gehen.

Das kosmologische Standardmodell versagt in dieser Hinsicht völlig: Im Abschnitt „Woher kommt die Energie?" in Teil I habe ich skizziert, dass die Interpretation über Einsteins kosmologische Konstante im Zusammenhang mit der Vakuumenergie zu den unbefriedigenden Elementen dieses Modells gehört: „Die Menge der Vakuumenergie stellt in diesem Kontekt eines der größten Probleme der modernen Physik dar." Hier wird der Eindruck erweckt, ein einmaliger Energie-Input („Urknall") habe ausgereicht, die Expansion des Universums über 13,8 Mrd Jahre in Gang zu halten. Dafür müßte man allerdings die entgegen gerichtete Massenanziehung negieren und die beschleunigte Expansion leugnen. Außerdem müsste beim Standard-Modell die Expansionskraft unendlich groß gewesen sein, weil anders die behauptete unendlich dichte Masse nicht auseinander zu treiben wäre.

Ich schlage vor, die „dunkle Energie" der Expansionsenergie dieses modifizierten Urknall-Modells qualitativ jedoch nicht quantitativ gleichzusetzen und dass diese Expansionsenergie über den *Strahlungsdruck aus dem Inneren der Hyperkugel* zu erklären ist.

Dieser Strahlungsdruck bläst, bildlich gesprochen, den Luftballon auf, expandiert also unser 3D-Universum. Die Massenanziehung wirkt, ebenso wie die Spannung der Gummimoleküle in der Ballonhaut, dem Strahlungsdruck nicht direkt entgegen. Ich gehe im Gegensatz zum Standard-Modell nicht davon aus, dass alle Materie zum Zeitpunkt Null schon vorhanden war oder zugleich generiert wurde. Vielmehr entsteht, so mein Vorschlag, Materie aus Expansionsenergie (genauer: Aus der Bewegung von Materie entgegen der Massenanziehung).

Also ist der „Widerstand", der via Gravitation der Exansionsbewegung entgegen steht, vergleichsweise stark reduziert,

- weil (anfangs jedenfalls) nur ein Bruchteil der Materie existiert
- weil sich die gravitative Energie nicht durch das Auseinanderrücken von Materie laufend erhöht, sondern durch die Erzeugung von Materie quasi konstant gehalten wird.

Natürlich stellt sich die Frage, wo der besagte „Strahlungsdruck aus dem Inneren" her kommt. Ich habe bereits oben vorgeschlagen, dass dieser Strahlungsdruck (zum Teil!) von einem modifizierten Urknall kommt, also einer ursprünglich sehr dichten Zusammenballung von Strahlung im uns zugänglichen Startpunkt der Expansion. Die „Expansionsenergie" ist der verbliebene Strahlungsdruck dieser Ballung von innen auf ihre Oberfläche (siehe Ballon-Modell).

Aber Strahlungsdruck wird auch laufend neu erzeugt! Bei der Suche nach Ursachen, warum wir in unserem Universum nur Materie, nicht aber Antimaterie vorfinden, obwohl nach üblicher Vermutung beides in gleicher Menge entstanden sein sollte, wird vergeblich nach Unterschieden der Materiesorte gefahndet. Mit dem Modell der Hyperkugel, deren Oberfläche unser Universum ist, steht erstmals die Möglichkeit zur Verfügung, dass Unterschiede am Ort der Materie-Entstehung für die Trennung Materie/Antimaterie und das „Verschwinden" von Antimaterie begründen. Unterstellt, im Inneren der Hyperkugel habe sich aus der Primärstrahlung Antimaterie, in der Oberfläche der Hyperkugel (unser 3D-Universum) Materie kondensiert, dann ist die Grenzfläche (Hypersphäre) ein Ort dauernder Erzeugung von Strahlungsdruck. Dauerhaftigkeit im Modell ist also gegeben.

Kreisprozesse

Der neue Ansatz erklärt, wie der Expansionsprozess des Omniversums energetisch aufrechterhalten wird.

Beim „Luftballon-Modell", einem 4-dimensionalen Omniversum, ist die Expansionsarbeit vermutlich sehr viel kleiner, als wenn die expandierende Kraft (als Vektor) genau in Gegenrichtung der anziehenden Kraft – Gravitation (als Vektor) – wirken würde. Im Ballon-Modell sind es die Gummi-Moleküle in der Ballon-Haut die der Schwerkraft entsprechen, die eingeblasene Luft entspricht der expandierenden Kraft, d. h. die beiden Kräfte stehen senkrecht auf einander.

Zudem: Gravitationsarbeit wandelt sich um in Materie. Diese ihrerseits erzeugt erneut Gravitation. S. Hawking nennt das ein „Nullsummenspiel": „Positive Materie-Energie wird exakt durch negative Gravitationsenergie ausgeglichen"[54]. Das würde bedeuten, dass zwei miteinander verbundene Kreisprozesse – Erzeugung von Expansionsenergie aus Strahlung und Erzeugung von Materie aus Expansion – in dem hier beschriebenen modifizierten Urknall-Modell zu berücksichtigen sind.

---

54 Stephen Hawking, Das Universum in der Nußschale, 2002, Hoffmann und Campe, Hamburg, hier: S. 99

Zusätzliche Strahlung aus dem Inneren der Hyperkugel kann jederzeit (also auch noch heute) erzeugt werden durch „Zuführung von Materie" zum Kugelinneren. Nach dem hier vorgestellten Modell dominiert im Kugelinneren Antimaterie.

Auch wenn dies derzeit zunächst als spekulativ angenommen werden kann, könnten zudem *schwarze Löcher* dem Inneren der Hyperkugel, dem Inneren unseres Kosmos, *Materie zuführen*. Andere Mechanismen der Zuführung von Materie zur Antimaterie im Kugelinneren sind denkbar und sinnvoll, solange sie einen Kreisprozess der Energie konstituieren.

Ich möchte darauf hinweisen, dass ein „Kreisprozess" nicht zwangsläufig mit „unendlicher" Dauer verknüpft ist: Es ist sinnvoll, mit einem Kreisprozess zu erklären, warum es nach 13,8 Milliarden Jahren noch immer eine Expansion gibt (die sogar noch anwächst), aber damit ist durchaus nicht impliziert, dass dieser Mechanismus für alle Zeiten wirksam ist; es gibt zu viele weitere Einflussfaktoren, auch auf einen Kreisprozess, so er denn zutreffend die Physik beschreibt.

Zur Erklärung der Beschleunigung gibt es in diesem Modell vom modifizierten Urknall drei Alternativen, unter denen ich keine eindeutig favorisiere. Zur Veranschaulichung wird wieder auf das Ballon-Modell Bezug genommen. Gründe für die Beschleunigung könnten sein:

- die Strahlung aus dem Kugelinneren erhöht sich, oder

- „die Gummifäden werden schwächer", also: Die großräumige Gravitation zwischen den Galaxien wird kleiner; oder schließlich

- die Materie-Erzeugungsrate (oder der Abfluss von Materie durch Umwandlung in Strahlung) hat sich, relativ zur Expansionsrate des Kosmos, verändert.

Das Modell vom modifizierten Urknall bietet also mehrere plausible Erklärungen, während das Urknall-Standardmodell, bei dem alle Materie und alle Energie vollständig am Anfang bereit standen und somit nach meinem Verständnis *nur abnehmen* können, keine Erklärung bereit hält.

Ein nicht-leeres Vakuum kann auch ein String-Äther-Vakuum sein

Ein Bericht über die Nobelpreisvergabe in SPEKTRUM (2011) zum beschleunigten Universum berichtet zur Vakuum-Energie:

„… dass das Vakuum mehr als Nichts ist, ist eine Vorhersage der Quantentheorie. Demnach entstehen auch im leeren Raum unablässig Teilchen und verschwinden nach Bruchteilen einer Sekunde wieder. Dieser ‚See virtueller Teilchen' stellt eine Energie dar. Allerdings führen Abschätzungen der Vakuumenergie zu einem Wert, der um etwa 100 Zehnerpotenzen über der tatsächlichen Größe der Dunklen Energie liegt. Das dürfte wohl die größte bekannte Unstimmigkeit in der gesamten Physik sein."[55]

Ich gestehe, dass ich diesen „See virtueller Teilchen" in seiner Physik in der ihm zugeordneten Bedeutung nicht völlig nachvollziehen kann. Es ergeben sich eine Reihe von Fragen:

- Die „tatsächliche Größe der Dunklen Energie" scheint danach quantifizierbar. Aber ich hatte bisher gelernt, dass diese Größe nur aus theoretisch-mathematischen Berechnungen in Verbindung mit Modellannahmen resultiere. Wie können die Autoren dann von der tatsächlichen Größe sprechen? Spiegelt hier die Annahme, was die „tatsächliche" Größe sei,

---

55 Nobelpreise 2011: Physik-Nobelpreis: Das beschleunigte Universum –
Spektrum der Wissenschaft

das „Nicht-Tatsächliche" oder geht die mathematische Modellierung von Vorstellungen aus, die möglicherweise überhaupt nicht stimmen?

- Das Quanten-Vakuum und die Interpretation der entsprechenden Experimente machen letztlich aus der Erkenntnis, dass kein vollständiges Vakuum gibt, ein neu definiertes Vakuum, dem besondere Eigenschaften zugeordnet werden. Dies entspricht bereits Einsteins Vorstellungen vom „strukturierten Vakuum". Einstein versteht dieses „strukturierte Vakuum" als Äther, der dann auch der Träger von Feldern wäre, ohne dass er quantenphysikalische Interpretationen damit verband. Die physikalischen Substrate dieses Äthers waren ihm unbekannt. Die dem Quanten-Vakuum nun zugeordneten Eigenschaften wie die Erzeugung virtueller Teilchen und die berechnete Menge an dunkler Energie sind zunächst einmal mathematische Produkte einer Theorie.
Es ist also wieder einmal Vorsicht geboten, inwieweit mathematische Befunde die „Realität" charakterisieren oder nur eine – in diesem Fall offensichtlich höchst unsichere – Beschreibung einer Theorie liefern. Im Experiment nachgewiesen sind dann jedoch andere physikalische Phänomene wie die Vakuumpolarisation, die ebenso mit anderen Modellen, also zum Beispiel mit der Annahme eines String-Äthers, im Zustand des Vakuums vereinbar wären.

- Die Sichtweise vom „See virtueller Teilchen" passt nicht gut zum traditionellen Urknall-Modell mit seinem punktförmigen Anfangs-Universum mit unendlicher Materiedichte. Wo war dieses Quanten-Vakuum bei und direkt nach dem Urknall, wie wurde der „See virtueller Teilchen", der sich mit der Raumexpansion im Urknall entwickelte, befüllt, um dann wieder Energiequelle zu sein und Elementarkräfte bereitzustellen?

In der Beschreibungsweise des String-Äthers ist „Vakuum" eine lokale Phase dieses String-Äthers, ein Bereich, wo die Strings nicht schwingen. Es ist aber denkbar, dass die Strings dort, wo wir von „gravitativen Feldern" reden, zwar nicht schwingen, aber eine „Schwingungsbereitschaft größer null" aufweisen, was man dann wohl als „gravitatives Potential", nicht aber als „Vakuum-Energie" bezeichnen sollte.

Die Feststellung der „größten bekannten Unstimmigkeit in der Physik" bedeutet aus meiner Sicht also nichts anderes als einen deutlichen Hinweis, dass einige derzeit übliche Bescheibungsmodelle, beispielsweise die Beschreibung von Vakuum, Materie und Energie, ganz offensichtlich dringend einer Revision bedürfen.

Äquivalenz von Energie und Masse im 4-D-Omniversum

Die berühmte, meist Einstein zugeordnete Formel: $E = m \times c^2$ wird bisweilen falsch verstanden und erhält ihren Sinn im 4-dimensionalen Raum des hier vorgestellten Omniversums:

Entgegen einer auch unter Physikern weit verbreiteten Meinung beschreibt diese Formel nicht einfach eine Identität von Energie und Materie: Die „Konstante" c ist keine dimensionslose Größe, sondern steht für eine Geschwindigkeit, die Lichtgeschwindigkeit. Dass bewegte Masse eine kinetische Energie darstellt, ist eine bereits lange akzeptierte Erkenntnis.

Die Frage wäre aber, ob diese Gleichung auch für die ruhende Masse anwendbar ist? So gesehen, würde die Einstein'sche Formel aussagen: „Jeder Masse, selbst wenn sie ruht, kann eine Energie zugeordnet werden, als würde sie sich mit etwa Lichtgeschwindigkeit bewegen". Aber wie kann dieser Satz für die ruhende Masse verstanden werden?

Ich möchte eine Antwort vorschlagen, die in diesem integrierenden Modell mit einem 4-D-Omniversum auf der Hand liegt. Jede Masse, auch anscheinend ruhende Masse, ist bewegt – in Richtung der vierten Raumdimension (!). Genau das sagt ja der Begriff „Expansion des Omniversums".

Wenn das zutrifft, dann „stimmt" die berühmteste Formel der Physik zwar nach wie vor, findet aber eine – aus meiner Sicht sehr plausible – Begründung:

Masse und Energie sind äquivalent, aber nicht per se, sondern weil jede Masse (in w-Richtung) bewegt ist.

Zur Geschwindigkeit dieser Bewegung (in w-Richtung) könnte möglicherweise ebenfalls eine plausible Aussage getroffen werden: Die Einsteinsche Formel ($E = m_0 \times c^2$) ist nur um den Faktor ½ von der allseits bekannten Gleichung $E = ½\, m \times v^2$ für die kinetischen Energie unterschieden, welche einer Masse zugeordnet wird, die sich mit der Geschwindigkeit v bewegt. Man kann dann die Einstein'sche Formel umschreiben mit:

$$E = ½\, m_0 \times c_w{}^2 \text{ und } c_w = \sqrt{(2)} \times c$$

und c_w die radiale Ausdehnungsgeschwindigkeit des Omniversums. Dieser Rechnung folgend, müsste das Universum in radialer Richtung (das ist die vierte Raumdimension, w benannt) mit $\sqrt{(2)}$, also mit 1,4-facher Lichtgeschwindigkeit expandieren.

- Dass das Universum expandiert, kann heute als gesichertes Wissen gelten. Im hier vorgestellten 4-D-Modell des Omniversums wird jedoch zwischen Hubble-Expansion, d.h. Fluchtgeschwindigkeit im beobachtbaren 3D-Universum (x,y,z) unserer Existenz und der prinzipiell nicht messbaren Radialgeschwindigkeit der Expansion des Omniversums in w-Richtung unterschieden.

- Ein c_w gleich oder gar größer als c scheint mir prinzipiell möglich; ich kann hierzu aber keine fundierte Aussage machen und behaupte deswegen etwas vage: Ruhemasse bewegt sich mit „etwa Lichtgeschwindigkeit" in Richtung der kosmischen Expansion. Die quantitative Angabe einer radialen Expansionsgeschwindigkeit des Omniversums scheint mir aber nicht wichtig zu sein, weil sich alles, jedwede Materie, jede Strahlung, jede Art Schwingung mit dieser Geschwindigkeit bewegt, so dass wir ihre Geschwindigkeit nicht auf einen fixen Wert setzen können.

- Zur Frage, ob sich Materie vielleicht doch mit Lichtgeschwindigkeit oder darüber bewegen könnte (Tachyonen), gibt es viele Überlegungen. Ich will hier nicht in diese Diskussion einsteigen, sondern den „klassischen Standpunkt" vertreten: „Materie (im Vakuum) kann sich nie schneller als Licht fortpflanzen, relativ zum ruhend, absolut gedachten Äther" … aber mit dem entscheidenden Zusatz: … „in x,y,z-Richtung!". Ich sehe keinen Grund, warum die Geschwindigkeit der Materie-Schwingung in w-Richtung (in Richtung der vierten Dimension) nicht gleich oder größer als die Lichtgeschwindigkeit sein könnte. Wir wissen, dass die Hubble-Fluchtgeschwindigkeit im Prinzip größer als c sein kann, weil sich angeblich „nicht die Materie relativ zu ihrem Bezugssystem bewegt, sondern der Raum expandiert", wie man etwas ungenau zu sagen pflegt. Genauso verhält es sich mit der radialen Expansion: Für diese, d.h. für die Materie-Bewegung in w-Richtung, gilt c als Grenzgeschwindigkeit nicht automatisch.

- Wenn Materie „verschwindet" (z.B. bei Kernprozessen) wird vermutlich nicht nur translatorische Bewegungsenergie, sondern auch (bisher unberücksichtigte) Rotationsenergie frei. Dieses Thema wird hier nicht vertieft diskutiert.

- Die in ruhender Materie „versteckte" Energie sollte als potentielle Energie bezeichnet werden. Ebenso, wie einem Stein in 100 m Höhe über dem Erdboden lediglich eine „potentielle Energie" bescheinigt werden kann, ist auch die

Materie-Energie zunächst nur potentiell. Die übliche, bedenkenlose Gleichsetzung von Materie (jedweder Form) mit Energie (in jedweder Form) unter Anwendung von E = m × c² führt aus meiner Sicht zu Fehlschlüssen.

Das kritische Durchleuchten der berühmtesten Formel in der Physik führt also zu erstaunlichen Erkenntnissen über Zusammenhänge zwischen dem „ganz Großen" und „ganz Kleinen".

Eine andere Erklärung für die kosmische Hintergrundstrahlung (CMB)

Die CMB kommt nicht von einem lokalisierbaren Hintergrund, sondern von überall aus unserem Universum. Wir schauen nicht von außen auf diesen „Feuerball". Die Position unserer Erde (natürlich nicht die Erde selbst, die gab es noch lange nicht) war damals selbstverständlich im Inneren des Feuerballs, so es ihn jemals gegeben hat. Die CMB mag ein Beweis sein, dass unser junges Universum eine vergleichsweise sehr geringe räumliche Ausdehnung hatte und strahlungsdominiert war, sie ist aber kein Beweis dafür, dass zu Beginn schon alle Materie vorhanden war.

Das würde auch erklären, warum die CMB etwa 1000 mal so intensiv ist, wie sie – ausgehend von einer 13,8 Mrd Lichtjahre entfernten „Wand" – eigentlich sein sollte. Die Gleichmäßigkeit der CMB stellt für die Galaxienbildung dann (und nur dann) kein Problem dar, wenn die Materie größtenteils erst durch die Expansion des Universums entstanden ist und nicht von Anfang an vorhanden war.

Wenn also die kosmische Hintergrund-Strahlung nicht „den verbliebenen Rest von einem Feuerball des jungen Universums" darstellt oder, ein wenig fachgerechter ausgedrückt, wenn die CMB nicht die thermische Strahlung der Gesamtmaterie unseres Universums, wie sie im Jahr 380 000 nach Zeitbeginn existierte (mit einer Temperatur von 3000–3500 Kelvin sowie mit einer spektralen Verteilung eines schwarzen Körpers) ist, was denn sonst ist die CMB?

Vielleicht bleibt die CMB noch Zeuge für die Urknall-Expansion, nicht aber für die These, damals (im Frühstadium des Universums) habe schon alle Materie – wie heute vorhanden – existiert. Kosmologische Hintergrundstrahlung könnte aber auch die Strahlung sein, die im Inneren des Kosmos (genauer: an der Hypersphäre, der Grenzfläche zwischen Materie und Antimaterie) auch laufend und aktuell entsteht und sich in alle vier Raumrichtungen, resultierend aber radial, d.h. in Richtung der Expansion der Hyperkugel (w-Richtung, 4. Dimension) ausbreitet. Ein Teil dieser Strahlung wird durch Compton-Streuung in x,y,z-Richtung, d.h. in die Oberfläche der Kugel, in unser Universum also „eingekoppelt".

Mit diesem Verständnis wird CMB vom Urknall teilweise (!) unabhängig betrachtet, die Gleichmäßigkeit der Verteilung wird plausibler, die Integration in die Omniversums-idee liefert eine modellkonforme Erklärung, nur – das Bild und die quantitativen Schlussfolgerungen vom Urknall müssen gründlich überdacht werden.

Die Folgen des neuen Ansatzes

Ein neues kosmologisches Konzept, ich nenne es das Wachstums-Modell oder den „modifizierten Urknall", führt zu wichtigen Konsequenzen:

(a) Es begründet, warum im beobachtbaren Universum allem Anschein nach nur Materie und keine Antimaterie vorzufinden ist.

(b) Wichtiger aber: Hiermit ist, ohne Verwendung von „dunkler Energie" in ihrem Verständnis gängiger Modelle, der „Motor" gefunden, der die Expansion des Universums antreibt: Es ist die Strahlung, die aus der Vereinigung von Materie und Antimaterie entstanden ist und wohlmöglich heute noch entsteht.

(c) Die Expansion ihrerseits erzeugt (im Universum) neue Materie. Es enthebt von der problematischen Verpflichtung, alle Materie bereits zum Zeitbeginn als existent zu postulieren.

(d) Gravitation „funktioniert" nur im 3-D-Raum, also in Richtung x,y,z. Beschrieben als Welle, schwingt Materie in 3 Raumdimensionen und pflanzt sich fort in Richtung der vierten Raumdimension.

(e) Unser „neues Omniversum" dehnt sich nicht unmittelbar gegen die Anziehung der Materie aus, sondern im rechten Winkel zu x,y,z. Die neue Dimension sei mit w bezeichnet. Vermutlich besteht ein lineares Abhängigkeitsverhältnis zwischen der vierten Raumdimension w und der Zeit t (ohne dass wir diese vierte Dimension als „Raumzeit" bezeichnen müssen).

(f) Es ist eine attraktive Spekulation, schwarze Löcher als Orte anzusehen, wo Materie aus unserem Universum dem Inneren des Kosmos (wo Antimaterie dominiert) zufließt. Dort würde die Materie durch ihren Kontakt mit Antimaterie natürlich sofort wieder in Strahlung umgewandelt. Die Strahlung übt dann wieder Strahlungsdruck auf Materie aus, auf die Materie in unserem Universum.

Ein solcher Kreisprozess

- Materie entsteht aus Expansions-Energie,
- Materie wird durch schwarze Löcher im Bereich des Universums (Oberfläche der Hyperkugel) abgesogen und

- dem Inneren der Hyperkugel (dem Bereich der Anti-materie) zugeführt,
- die entstehende Strahlung verursacht die Expansion (Strahlungsdruck),

könnte das Rätsel, wie seit 13,8 Milliarden Jahre (aus bisher unbekannter Quelle) die Expansionsenergie für das Universum generiert wird, beantworten.

Teil V:
Der wiedergefundene Faden

Die Standardtheorien der Physik liefern derzeit keine schlüssige Beschreibung des Kosmos, der Geschichte unseres Weltalls und des Zusammenhangs zwischen der Physik im Großen und im Kleinen. Hierzu hat es in den letzten Jahrzehnten wenig Fortschritt gegeben. Diese Erkenntnis ist nicht neu, ist aber der Hintergrund meines Versuchs, durch ein Umdenken eine Weiterentwicklung in diesem physikalischen Verständnis von Kosmos und Quantenphysik zu befördern.

Deshalb ist auch an dieser Stelle nochmals der Mangel in den gängigen Standardtheorien anhand einiger Beispielsprobleme festzuhalten:

- Seit Albert Einstein 1919 den durch Gravitation gekrümmten Raum als Träger physikalischer Qualitäten beschrieben hat, ist das Verständnis des physikalischen Prinzips dieser *Raumkrümmung* nicht gewachsen und das physikalische Substrat eines funktionen-tragenden Raumes ist noch immer nicht angemessen charakterisiert.

- Soweit als Erklärung der Grundkräfte der Physik virtuelle Teilchen in Verbindung mit den Vorstellungen einer Vakuumenergie und der Entstehung von Materie verknüpft wurden, ergaben die entsprechenden Modellrechnungen quantitative Unstimmigkeiten, die heute beim Realitätscheck als eines der größten Probleme der modernen Physik bezeichnet werden.

- Wenn Urknall und Entwicklung des Universums über die Konzentration und Verteilung der heutigen kosmischen

Hintergrundstrahlung belegt werden sollen, die kalkulierten Zahlen jedoch heute eine völlig andere Intensität der Strahlung anzeigen als dies aus dem Modell zu schlussfolgern wäre, dann stimmt etwas beim Standardmodell zum Urknall nicht.

- Quantenphysik und Allgemeine Relativitätstheorie gelten weiterhin als unvereinbar: Eine kongruente Physik müsste aber die Zusammenhänge im Großen wie im Kleinen ebenso erklären oder aber darlegen können, wie es zu jeweils unterschiedlichen Funktionsprinzipien kommt. Diese Aufgabe ist in der Grundlagenphysik bis heute ungelöst.

Trotz solcher massiver Probleme ist das Beharrungsverögen, die unflexible Weiterverfolgung der unbefriedigenden Standardtheorien, groß, während zugleich abweichende Gedankenmodelle in Verteidigung des Gewohnten zu schnell abgelehnt werden. In diesem Zusammenhang ist insbesondere die Stringtheorie zu nennen, bei der eine Vereinheitlichung quantenphysikalischer und kosmologischer Prinzipien der Physik gesucht wird. In den 1980er Jahren wurden zahlreiche string-theoretische Ideen veröffentlicht, die seit Beginn des 21. Jahrhunderts jedoch zunehmend zurückgewiesen wurden, obwohl es sich bei den String-Theorien um eine vergleichsweise junge Wissenschaftsrichtung handelt. Diesen String-Theorien fehle die Beweisbarkeit. Es sei hinausgeworfenes Geld, an dieser Stelle weiter zu forschen, meinen Vertreter der *main-stream-* Modelle. Es ist erstaunlich, wie ungeduldig die etablierte Kosmologie trotz der oben skizzierten eigenen Probleme hier den Kredit für ungewohntes Denken verweigert. Es spricht für sich, wenn „vom herausgeworfenen Geld" für String-Theorie-Forschungsarbeiten gesprochen wird, während mit der Europäischen Organisation für Kernforschung (CERN) eine Großforschungseinrichtung für physikalische Grundlagenforschung nach den klassischen Prinzipien der Standardtheorien mit exorbitanten Geldbeträgen gefördert wird.

Mit dem Hinweis auf die fehlende Beweisbarkeit verhält es sich ein wenig wie in einem Kriminalfall, bei dem man die Suche nach dem Täter völlig verfrüht mit der Begründung einstellt, dass man sich keinesfalls mit einem Indizienbeweis begnügen werde und stattdessen nur der unmittelbare „Tatsachen"-Beweis zähle. Dabei wird vergessen, dass in der Kosmologie der umfassende, unmittelbare Tatsachenbeweis möglicherweise in wichtigen Teilen nie zu erbringen ist und dass dann ein umfassender und schlüssiger Indizienbeweis vielleicht angemessene und sehr nützliche Antworten bereitstellen kann. Es bleibt natürlich der Grundsatz, dass auch Indizienbeweise dann verworfen werden sollten, wenn schließlich andere Indizien eine schlüssigere Erklärung liefern.

In diesem Sinne habe ich die Suche nicht vorzeitig eingestellt und mich neugierig im Feld der Stringtheorie umgeschaut, ob sich daraus möglicherweise noch immer ein Indiziengebäude ergeben könnte. Ich glaube fündig geworden zu sein, jedoch natürlich nicht ohne Umwege und Ergänzungen:

- In wichtigen Elementen habe ich *Modifikationen der String-Theorie* als notwendig befunden,
- Die Stringtheorie ist mit anderem Verständnis als bisher mit dem *mehrdimensionalen Raum* zu verknüpfen.
- Zur Erklärung wichtiger physikalischer Gesetzmäßigkeiten sind Stringtheorie und räumliche Vorstellungen mit dem *Emergenzprinzip* zu koppeln.

Mit diesen Überlegungen habe ich den nahezu schon verloren geglaubten *Faden*, den *String*, also wieder aufgegriffen und sehe eine modifizierte Stringtheorie als hilfreich für ein mir schlüssig erscheinendes Ideengebäude an.

- Strings können als Raumquanten aufgefasst werden und somit das Vakuum präsentieren wie auch, je nach Schwingungszustand, der Baustein für Materie und für elektromagnetische Welle sein. Strings sind „der Raum". Dieser Raum erweist sich als „körnig", also gequantelt.

- Über die Schwingungsbereitschaft von Strings lässt sich z. B. ein physikalisches Verständnis von dem ableiten, was wir in der Physik als *Feld* bezeichnen. Der funktionen-tragende Raum nach Einstein erhält somit als String-Äther ein Substrat. Bewegte Materie sucht sich selbst den Weg höchster Schwingungsbereitschaft im String-Äther auf gekrümmter Bahn.

- Quantengravitation ist nicht deswegen unentdeckt, weil sie so außerordentlich klein wäre, sondern weil es sie auf dem Niveau einzelner Quanten einfach nicht gibt. Gravitation tritt also erst emergent – also erst dann – in Erscheinung, wenn sich eine genügend große Anzahl von Quanten „zu einem Kollektiv organisieren".

- Elementare Grundkräfte, die ihre Existenz mathematischen Schlussfolgerungen aus den Standardvorstellungen der Teilchenphysik verdanken, können mit stringtheoretischen Prinzipien in Verbindung mit Emergenz einfacher erklärt werden.

- Die dreidimensionale Expansion des Universums als Hubble-Expansion in einem durch Strahlungsdruck in eine vierte Raumdimension in radialer Richtung expandierenden Omniversum ermöglicht eine stimmigere Entwicklungsgeschichte unseres Weltalls. Ein nichtunendlicher, in jeder Richtung unbegrenzter Raum benötigt vier Raumdimensionen zur adäquaten Beschreibung.
Bei einem modifizierten Urknall-Modell wird davon ausgegangen, dass der weit überwiegende Anteil der Materie sich erst während und durch die Expansion des Universums

gebildet hat. Nach dem Standard-Modell erfolgt das Wachstum des Universums quasi von oben nach unten: Eine unfassbar große Materiewolke expandiert in ihrer Gesamtheit und kondensiert zugleich lokal. Nach dem hier vorgeschlagenen Modell erfolgte (und erfolgt) die Galaxienbildung mit ihrer filamentartigen Struktur und den riesigen Leer-Räumen vergleichbar mit dem Wachstum eines natürlichen Badeschwammes – also „von unten nach oben".

- Gravitation entsteht nur in unserem 3-D-Universum und nicht in radialer Richtung. Die Strahlung des Kugelinneren übt auf die Materie der Kugeloberfläche einen Strahlungsdruck aus, der zur Expansion der Hyperkugel führt, in radialer Richtung.

- Zusätzliche Strahlung aus dem Inneren der Hyperkugel kann jederzeit (also auch noch heute) erzeugt werden durch „Zuführung von Materie" zum Kugelinneren, möglicherweise über die *Schwarzen Löcher*. Nach dem hier vorgestellten Modell dominiert im Kugelinneren Antimaterie.

- Gravitationsarbeit wandelt sich um in Materie. Diese ihrerseits erzeugt erneut Gravitation. Es sind also zwei miteinander verbundene Kreisprozesse – Erzeugung von Expansionsenergie aus Strahlung und Erzeugung von Materie aus Expansion – in dem hier beschriebenen modifizierten Urknall-Modell und in der Gegenwart der Entwicklung unseres Kosmos zu berücksichtigen.

- Damit wäre auch der „Motor" gefunden, der die Expansion des Universums antreibt: Es ist die Strahlung, die aus der Vereinigung von Materie und Antimaterie entstanden ist und wohlmöglich heute noch entsteht, ohne Verwendung von „dunkler Energie", die in den Standardtheorien eine widersprüchliche und zu zentrale Rolle spielt.

- Kosmologische Hintergrundstrahlung könnte nach dieser Vorstellung auch Strahlung sein, die nicht nur vom Urknall herrührt, sondern die auch im Inneren des Kosmos (genauer: An der Hypersphäre, der Grenzfläche zwischen Materie und Antimaterie) laufend und aktuell entsteht und sich radial, d.h. in Richtung der Expansion der Hyperkugel (w-Richtung, 4. Dimension) ausbreitet. Mit diesem Verständnis wird die kosmische Hintergrundstrahlung vom Urknall teilweise unabhängig betrachtet, die Gleichmäßigkeit der Verteilung wird plausibler und die Integration in die Omniversums-Idee liefert eine modellkonforme Erklärung.

Natürlich muss für das hier entwickelte Ideengebäude nach zusätzlicher Stützung gesucht werden, die physikalischen Prinzipien müssen auch mathematisch darstellbar sein, manche Spekulation dabei muss ausgefüllt oder auch verworfen werden. Auch auf diesem Weg mögen sich einzelne Vorstellungen als Sackgasse erweisen, wo aber die Verfolgung der zentralen Prinzipien einen weiterführenden Weg bietet.

Es lohnt sich ganz offenischtlich, aufgrund der Stimmigkeiten des Ansatzes an dieser Stelle weiterzudenken. Ich habe Teil I mit einem Satz der Hoffnung von Albert Einstein abgeschlossen. Er hoffte auf eine integrierende Idee: „Natürlich wäre es ein großer Fortschritt, wenn es gelingen würde, das Gravitationsfeld und das elektromagnetische Feld zusammen als ein einheitliches Gebilde aufzufassen. Dann erst würde die von Faraday und Maxwell begründete Epoche der theoretischen Physik zu einem befriedigenden Abschluss kommen. Es würde dann der Gegensatz Äther – Materie verblassen und die ganze Physik zu einem … geschlossenen Gedankensystem werden." Ganz in diesem Sinne sollten wir den stringtheoretischen Faden, der in dieser kosmologischen Ideenskizze gesponnen wird, aufnehmen und weiterverfolgen.

Dabei sollen die Grenzen des hier vorgeschlagenen Ideengebäudes keinesfalls vergessen werden: Ich habe nicht die Frage beantwortet: „Was IST Materie?", „Was IST der Äther?" – Ich habe mich darauf beschränkt, eine Beschreibung zu diesen physikalischen Objekten zu wählen, die sich um die Erfüllung der Kriterien von Konsistenz und Stimmigkeit bemüht und um die Konformität mit Beobachtungen. Und ich habe geprüft, ob diese Beschreibung insofern nützlich ist, als sie ein Erklärungspotenzial für andere beobachtete physikalische Phänomene bietet. Diese „genügsame" Zielsetzung an eine Theorie scheint mir zugleich ein bescheidenes und angemessenes Unterfangen. Die Wahrheitsfindung liegt jenseits dieser Ziele und unserer Möglichkeiten. *Denn eine Rose ist eine Rose ist eine Rose …*